启明书系

大海的礼物

中国海洋生物手绘图鉴

Illustrated Handbook

◎龚理 杨敏 张志钢 著

◎昙飞 绘

◎罗锦华 审

人民邮电出版社

北京

图书在版编目（CIP）数据

大海的礼物 ：中国海洋生物手绘图鉴 / 龚理，杨敏，张志钢著 ；杲飞绘. -- 北京 ：人民邮电出版社，2022.5

（启明书系）

ISBN 978-7-115-56351-4

Ⅰ. ①大… Ⅱ. ①龚… ②杨… ③张… ④杲… Ⅲ. ①海洋生物－中国－图集 Ⅳ. ①Q178.53-64

中国版本图书馆CIP数据核字(2021)第145562号

◆ 著　　　龚　理　杨　敏　张志钢

绘　　　杲　飞

审　　　罗锦华

责任编辑　刘　朋

责任印制　陈　犇

◆ 人民邮电出版社出版发行　　北京市丰台区成寿寺路 11 号

邮编　100164　　电子邮件　315@ptpress.com.cn

网址　https://www.ptpress.com.cn

涿州市般润文化传播有限公司印刷

◆ 开本：720×960　1/16

印张：14.75　　2022 年 5 月第 1 版

字数：294 千字　　2025 年 4 月河北第 5 次印刷

定价：59.90 元

读者服务热线：(010)81055410　印装质量热线：(010)81055316

反盗版热线：(010)81055315

内容提要

大多数人是通过海洋馆、陈列标本以及餐桌上的食物等渠道接触海洋生物的。相对于陆生物种，海洋生物较为陌生。因为陌生，所以它们更加让人好奇。本书收录了我国沿海常见的100种海洋生物，具体包括61种鱼类、11种节肢动物、22种软体动物以及6种其他类群的生物。本书作者长期从事海洋生物学研究，他们以严谨的态度和生动的语言介绍了这些物种的分类、形态特征、分布范围、生态习性、受保护情况、经济价值等内容。更为难得的是，书中通过精美的手绘插画展示了这些海洋生物的形态特征，栩栩如生，让人爱不释手。

本书可作为读者了解我国海洋生物的通俗科普读物，亦具有较高的鉴赏性和收藏价值。

两江中国原生

守望中国原生之美

創始於2003年

探求人与自然生态、物种之间和谐共生、持续发展之道

两江中国原生辅导计划项目

全国水产技术推广总站 中国水产学会资源养护处项目支持

中国渔业协会原生水生物及水域生态专业委员会项目支持

浙江海洋大学海洋科学与技术学院项目支持

序一

很高兴《大海的礼物：中国海洋生物手绘图鉴》（以下简称《大海的礼物》）和大家见面了。这本书的几位作者我们都非常熟悉，龚理和杨敏是我们的博士研究生，张志钢名为名誉学生而实为挚友，罗锦华博士则是我们在海洋观赏鱼类方面的师长。除了学习专业知识，龚理和杨敏在攻读博士期间就对海洋生物非常感兴趣，并不断地丰富相关的专业知识，这也为他们编写本书奠定了坚实的基础。罗锦华博士和张志钢先生长期奔波在物种发展、自然生态等领域。这次他们共同出版这本书，我们在为他们感到高兴的同时也深深地觉得这项工作意义非凡。

海洋是人类千百年以来赖以生存的家园，是地球上最大的生命维持系统。海洋生物是大自然赠予人类的珍贵礼物。据《世界海洋物种目录》（World Register of Marine Species，WoRMS）统计，截至2021年2月底，全球已知海洋生物共计237020余种。科研人员保守估计，海洋中的物种（包括已知物种和未知物种）总共有70万～100万种，其中三分之二以上尚未被发现和报道。

随着人类社会现代化进程的加快以及全球人口的增长，资源的供需矛盾日趋尖锐，过度捕捞、海洋栖息地被破坏和污染以及外来物种入侵等问题不断加剧，加上全球变暖的推波助澜，各地的渔业资源锐减，海洋生物多样性正面临着前所未有的威胁，估计50%的海洋生物已经消失或处于濒危状态。因此，某些海洋生物正处于“未被发现就已灭绝”的巨大危机之中！

我国是海洋生物物种多样性最丰富的国家之一，有着近13%的全球海洋生物物种数。近20年来，分类学家发现的海洋生物新物种比以往任何时候都要多。面对如此珍贵的宝藏，我们希望更多的人和后来者仍然能有缘分享，同时也需要所有人参与保护。而保护，应从了解与欣赏开始。

《大海的礼物》以杲飞先生绘制的精美插画和专业人士严谨的科学描述为主体内容，展示了我国近海100种常见生物。虽然这只是浩瀚海洋生物中极其微小的一部分，但是读者可以从中领略自然造物的奇妙和趣味。希望本书的介绍能够激发更多人探索海洋知识的激情。这也是我们的一个小小心愿。

“客路青山外，行舟绿水前。”海洋及生物也是我国的绿水青山画卷中不可或缺的亮丽色彩。随着我国海洋生态研究及保护步伐的加快，我们有理由相信一个未来可期、更加美丽多姿的海洋生态会呈现在世人面前。

喻子牛[1] 孔晓瑜[2]

2021年3月3日

喻子牛：中国科学院南海海洋研究所研究员，博士生导师，海洋贝类遗传育种专家。
孔晓瑜：中国科学院南海海洋研究所研究员，博士生导师，鲽形目鱼类系统分类和演化专家。

序二

这已经不是我第一次提笔作序了，虽然图书序言的篇幅并不会很长，文笔也无须华丽，但每一次作序，我的心中总是感慨万千。因为每一篇序言的背后都是数年的回忆积累，从一个想法到一本书，有太多的故事值得回味。我自己也会在不经意间陷入思考：作为“非生物研究者”的我为什么要和一群极具才华的朋友完成这本书？我在寻找答案。

大约在四年前的一天，我在网上无意间结识了一位新朋友。我发现他酷爱绘画，画的主题都是我国沿海常见的海洋生物；他的画工熟练，对形态捕捉有自身的天赋。在交流中，我随口问他，想不想出版一本关于海洋生物的手绘图书？他当时的迟疑是必然的，因为一个刚认识的朋友在第一次交流时就说合作出版图书就像随口开的“玩笑”。我看到的却是这位朋友内心真正的渴望和才华。时至今日，我终于可以松一口气，因为时间证明我当初说的话并非玩笑。这位朋友就是本书的插画作者杲飞。

杲飞，一个在海边出生和长大的人，对大海的理解自然深刻，对大海的感情也自然深厚。他用与生俱来的绘画天赋，把自己对大海的感情都倾注在了画本上。他同样热爱自己的家庭和生活。我想，正是一位对生活充满爱和热情的绘者才能在描绘精美海洋生物的同时，在线条中融入情感。正因为如此，那些我们耳熟能详的海洋生灵才能在他的画笔下尽显生机。也正因为他出众的绘画天赋，他在本书编写期间被邀请到中央电视台参加海洋类科普节目，与我国著名的海洋工作者一起讲述自己和大海的故事。他在节目中介绍了为本书绘制插画的相关情况，本书的出版也是他对电视观众的回应。

和文学作品截然不同，文字描述的准确性和科学性是科普图书的基础，是检验一本科普图书是否合格的核心要素。这就不得不提及本书的两位文字作者，他们是来自中国科学院南海海洋研究所的龚理博士和杨敏博士。

龚理博士有着傲人的简历，年轻的他已经是浙江海洋大学副研究员、硕士生导师，主持和参加了数项国家级科研项目，以第一作者或通讯作者身份发表了30多篇SCI论文，同时还是国内外多家权威期刊的审稿人。

出乎意料的是，当我发出本书的编写邀请时，龚理一口答应了下来，并承担了本书大部分科学描述和文字整理工作。龚理是一位满怀激情的科研工作者，他对自己研究领域的熟悉程度以及对科学的追求远远超过一般学者。在本书的编写过程中，他一次次不厌其烦地与相关人员进行讨论和修正文字，从无怨言。他只有一个目标，那就是尽量让本书以完美的形式呈现给读者。对他而言，无论是撰写发表在国际顶级学术期刊上的科学论文还是从事科普创作，都一定要全力以赴。正是在他的这种严谨求索精神的激励下，本书编写团队付出了极大的努力，在保证文字通俗易懂的同时，又不失科学的严谨性。

杨敏和龚理是同门师兄妹。在我众多的博士朋友中，杨敏是我认识的第一位 “直博生”，本科毕业就被导师一眼相中。在令人羡慕的背后是她从不间断的刻苦学习和努力奋斗。

从选题策划到书稿完成，杨敏也完成了由中国科学院南海海洋研究所的一名博士研究生到从事研究生教育和管理工作的老师的华丽转身。这本书对她而言有更大的纪念意义。作为一名科研教育工作者，杨敏博士始终对海洋生态充满着感性的关切。她认为，只有做好教育工作，在大众的科学素养普遍提升的情况下，才能铸就我国自然生态健康发展的基石。所以，她把编撰本书看成了一次难得的海洋生物科普工作，展现了一个生态环境保护主义者的朴实情怀。在写作过程中，她常常给团队带来启迪和灵感。

本书第一篇序言有两位作者，其中孔晓瑜研究员是龚理和杨敏的导师，而我也算是孔晓瑜研究员和这篇序言的另一作者喻子牛研究员的“编外”学生。一本书由同门师兄妹编写，导师作序，可传为一段佳话。

孔晓瑜研究员是我国鲆鲽鱼类研究领域的学术权威，而喻子牛研究员是我国砗磲研究领域的顶尖学者，他主持攻克的砗磲繁殖育种技术难题填补了我国砗磲繁殖领域的空白。两位研究员都为我国海洋生物多样性研究和保育工作做出了杰出的贡献。

我的好友、来自马来西亚的罗锦华博士在海洋生物领域工作了20余年，他是海洋生物观赏、饲养、疾病防控和海洋馆技术体系创建的先行者之一。他全程参与了本书的编写工作，审定了全书内容。他以其丰厚的学养和经验为本书的编写扩展了思路，以自己的君子风范和涵养成为了本书编写团队的“定盘星”。

我们还特别邀请了6位从事海洋生物领域相关工作的人士阐述他们对我国海洋生物资源保护和生态可持续发展的展望与愿景，他们是中国科学院南海海洋研究所秦耿副研究员、广西中医药大学海洋药物研究院刘昕明工程师、上海海洋大学李松林博士、华南农业大学海洋学院周爱国博士、浙江海洋大学海洋生物博物馆陈健馆长以及科普作家张小蜂（张旭）。

一本小说讲述的是故事，映射的是人生哲理，而一本自然类科普图书的背后是人们关注自然生态的情怀。科学的最终目的是造福人类，推动人类文明的进程。人与自然生态的和谐共生发展是生态文明建设的本质，这也是所有自然生态工作者共同的心声。

本书的撰写得到了农业农村部渔业渔政管理局原局长、中国渔业协会会长赵兴武先生无私的大力帮助。这些帮助寄托了老一辈渔业工作者对年轻一代的关怀和支持，其中更包含了他对我国渔业健康发展、造福大众的殷切期望，以及对绿水青山和谐发展的美好祝愿。这恰如赵兴武先生在附信中所言：“把大海的礼物洒满人间，共享美好明天！”

《大海的礼物》也是本书所有参与者献给读者的一份礼物。书中难免有不足和错漏之处，万请读者海涵，不吝指正。但本书所有参与者对我国海洋生态健康、和谐、持续发展的美好祝愿至诚如一。

我有幸能和颇具才华的朋友们一起共事。他们的学识、情怀以及对梦想的追求不断激励着我，这也是两江中国原生18年来勠力前行的核心动力。笔行至此，我意识到我已经找到了答案。

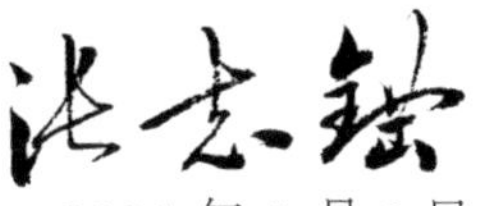

2021年8月8日

前言

《大海的礼物》一书记录了我国沿海的100种常见海洋生物，重点描述了它们的分类、形态特征、分布范围、生态习性、受保护情况以及相关科普知识等内容。本书是为非专业读者编写的一本科普读物，因此在语言上尽量避免出现过于专业的描述，力求通俗、有趣。

在生物种类的选择上，本书关注的是我国沿海的常见生物，具体包括61种鱼类、11种节肢动物（2种虾、5种蟹、3种藤壶和1种中华鲎）、22种软体动物（10种螺、7种贝和5种头足类）以及6种其他类群的生物（2种珊瑚、2种海星、1种海参和1种海龟）。

这些海洋生物大多是我国沿海常见物种和观赏市场上的宠儿，少数物种虽然在我国沿海原本没有分布或者不是常见物种，但是通过人工引种和观赏贸易已成为国内常见物种，如大菱鲆和蓝环章鱼等。

在目录设计上，我们按照鱼、虾、蟹、螺、贝等的市场份额进行编排，中间加入了珊瑚、海星、海参和海龟等6种生物，同时收录了国内知名高校和科研院所的6名海洋生物工作者对海洋资源与生态保护的寄语，传达出了我国海洋生物工作者对海洋生物资源保护和可持续发展的愿景。

本书中收录的物种在我们的日常生活和海洋生态系统中都扮演着十分

重要的角色，其受保护情况参照《国家重点保护野生动物名录》（1988年）、《〈濒危野生动植物种国际贸易公约〉附录水生动物物种核准为国家重点保护野生动物名录》（2018年）和《世界自然保护联盟濒危物种红色名录》（2018年），其中共有濒危物种（EN）3个，易危物种（VU）1个，近危物种（NT）6个，《国家重点保护野生动物名录》所列的一级保护物种2个、二级保护物种3个，大多数物种处于无危（LC）或未予评估（NE）等级。

我们对本书中的物种名称、分布状况及保护等级做了概略性的格式化描述，其中物种名称包括中文学名、拉丁学名、英文名以及我国不同地域的俗称。同时，我们根据每个物种的特色以四字的小标题对其进行了形象化的描述，既增加了趣味性，也方便读者识记。其中如有不足之处，敬请谅解。

书中所有物种插画均为手绘作品，绘者尽可能真实详细地反映出它们的形态特征。鉴于个别海洋生物上岸离水后存在形态、体色差异，本书均以海洋中活体的形态和体色为绘制标准。本书既可以当作一本海洋生物画册和科普读物，也可以作为一本物种分类专业的入门工具书。让我们怀着敬畏和感恩之心去结识大自然馈赠给我们的这些珍贵礼物吧！

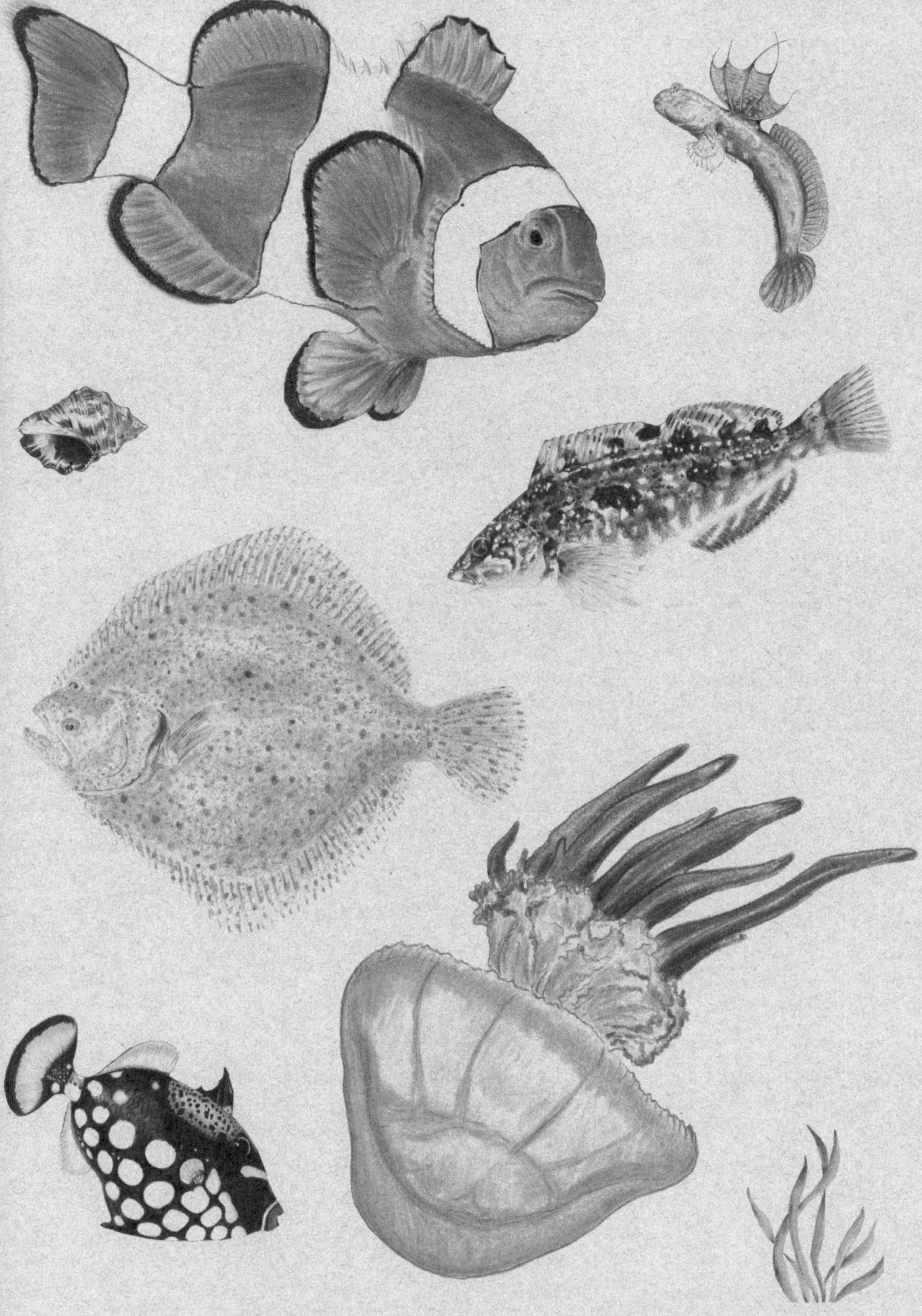

目录

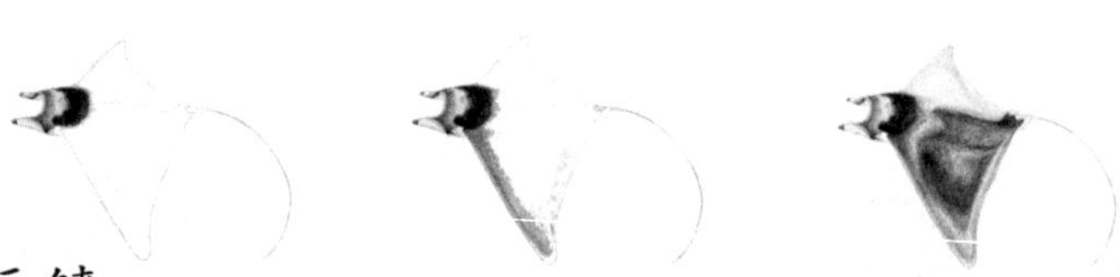

『水下魔鬼』蝠鲼

传说中西洋魔鬼的头上总是长着一对犄角，现实中生活在海洋里的一类鱼头上也有两个角。这些头上长有肉角的幽灵优雅地在海洋中徜徉，它们缓慢地扇动着大翼，像芭蕾舞演员似的在海水中翩翩起舞，怡然自得。这类鱼被生物学家描述为“水中最美丽的鸟”，人们习惯上称之为“魔鬼鱼”。这些水下魔鬼就是蝠鲼。

蝠鲼，隶属于软骨鱼纲鲼形目蝠鲼科，是所有 11 种蝠鲼鱼类的统称。它们的身体宽大，呈菱形，胸鳍如同翅膀一般，翼展可达 5 米。它们游泳时扇动着三角形胸鳍，拖着一条硬而细长的尾巴，就像在水中飞翔。它们因在水中畅游的姿态与夜空中飞舞的蝙蝠相似而得名。蝠鲼的英文名 Manta 来源于西班牙语，指的是西班牙的一种斗篷，很好地诠释了蝠鲼的体形。

蝠鲼虽然被称为“水下魔鬼”，但实际上它们是一种非常温和的机会主义者，走到哪里便吃到哪里。它们缓慢地扇动着大翼在海中悠闲地游动，并用前鳍和肉角把浮游生物与其他微小的生物拨进它们宽大的嘴里。它们虽然没有攻击性，但是在受到惊吓和发怒时，那强有力的“双翅”轻轻一拍，就会碰断人的骨头，置人于死地。

蝠鲼达到性成熟需要 6~8 年，卵胎生的生殖方式使得它们一年只能产下 1~2 条幼鱼。低繁殖率加上近些年炒作起来的膨鱼鳃（蝠鲼鳃耙干制品）的疗效，导致很多蝠鲼种类因持续过度捕捞而被列入《世界自然保护联盟濒危物种红色名录》（以下简称《红色名录》）。“没有买卖，就没有杀害”，这句人们耳熟能详的公益广告语看似在呼吁保护野生动物，实则是在为我们人类自己的明天敲响警钟。人与自然是一个有机整体，万物共生才是最根本的和谐，但愿人类能够早日正视自己在众生中的角色。共生共荣，才是人与自然最好的相处之道。

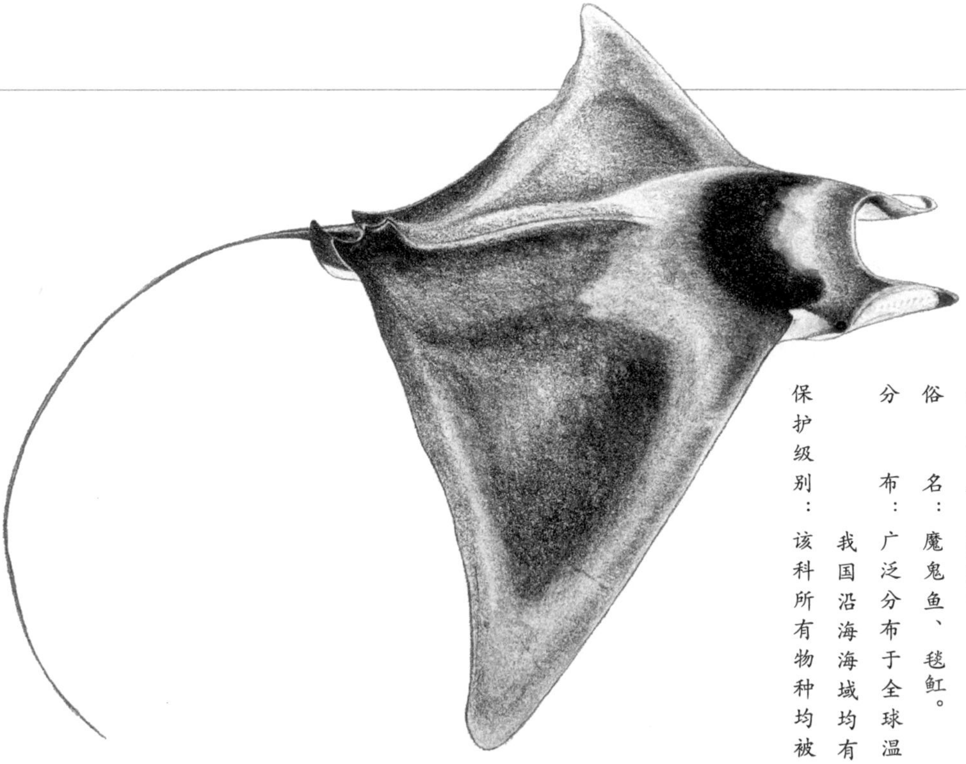

拉丁学名：*Mobula* Rafinesque，1810。

英 文 名：Manta。

俗　　名：魔鬼鱼、毯魟。

分　　布：广泛分布于全球温暖海域，我国沿海海域均有分布。

保护级别：该科所有物种均被列为近危（NT）或易危（VU）物种。

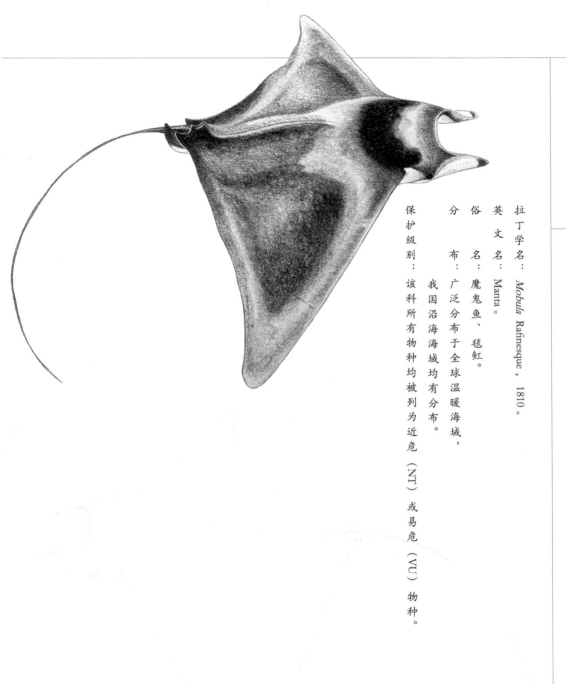

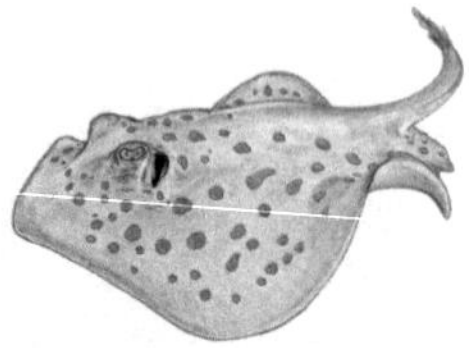

『优雅滑翔』蓝斑条尾魟

相信众多海洋观赏鱼爱好者都迷恋这种软骨鱼。它们身上的蓝色斑点和条纹在阳光的照射下显得非常艳丽，令人赏心悦目。它们一度成为水族贸易中的抢手货。这种鱼就是蓝斑条尾魟，也叫蓝点珍珠魟或蓝点魟。

蓝斑条尾魟，隶属于软骨鱼纲燕魟目魟科条尾魟属。它们的体色鲜艳，身上有卵形的大蓝点，尾部有纵向分布的蓝色条纹。它们的尾部粗壮，向后逐渐变细，末端有宽阔的尾鳍。成年蓝斑条尾魟沿背脊中线分布有一些突起物，尾部后端比其他魟鱼多1~2根尾刺，而且尾刺能够再生更新。

魟鱼最早出现在中生代的侏罗纪，与同属于软骨鱼类的鲨鱼相似，为卵胎生动物。因此，蓝斑条尾魟的受精卵要在母体内发育成新的个体后才从母体中分娩。

蓝斑条尾魟为近海底栖型鱼类，会随着潮水的上涨进入浅沙水域猎捕软体动物、虾、蟹等为食，潮落之时又会退回深水处寻找庇护所。它们的游泳能力不强，靠翅状胸鳍以波浪式摆动游动。它们通常会将身体半埋于沙中，借以躲避敌害和偷袭猎物。

在广袤的海洋中，艳丽的东西往往蕴含着不为人知的危险。蓝斑条尾魟体表的蓝色斑点是一种警戒色，其尾刺内含有毒性强烈的毒素。如果人或者其他动物不慎被其扎伤，则会面临生命危险。因此，渔民捕捉到蓝斑条尾魟后，通常先将它们的尾刺拔掉，以防被扎伤。蓝斑条尾魟由于其美丽的外表和奇特的体形而成为海洋馆以及观赏渔业中非常受欢迎的展示性鱼类，因此有大量的野生个体被人们捕捞用于商业买卖，加上珊瑚礁栖息地的破坏，造成了蓝斑条尾魟在自然界中的生存危机，它们已经被列入《红色名录》。

拉丁学名：*Taeniura lymma*（Forsskål，1775）。

英 文 名：Bluespotted ribbontail stingray。

俗　　名：蓝点珍珠魟、蓝点魟。

分　　布：分布于印度洋和西太平洋海域，我国主要分布于东海至南海海域。

保护级别：近危（NT）。

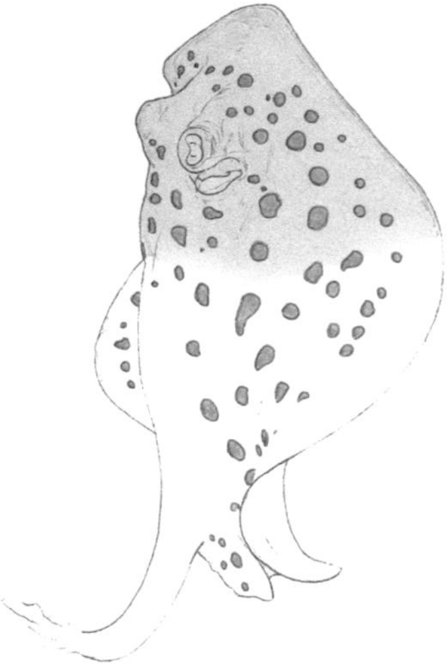

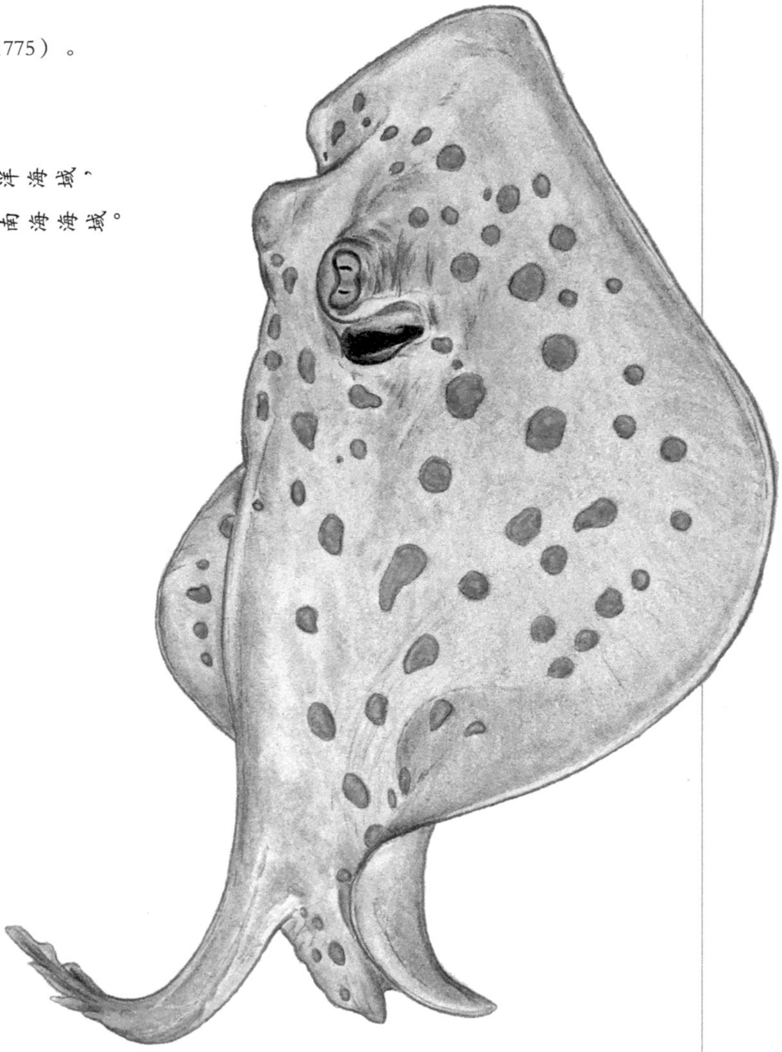

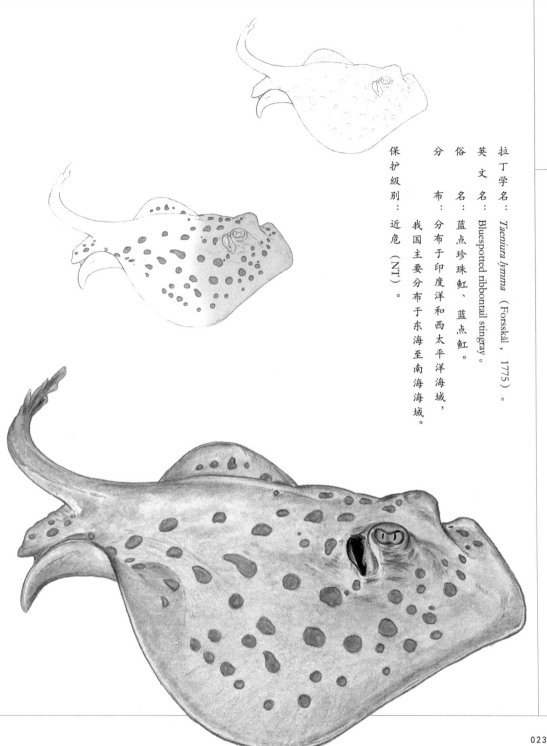

『寿司平民』斑鰶

斑鰶是浙江沿海地区颇有盛名的一种小海鲜。入秋之后，三五好友相约于酒楼或者大排档，“贴秋膘”正当时。韩国秋天时的烤斑鰶和日料中的小斑鰶寿司也久负盛名，此鱼的唯一缺点是细刺多，孩童不宜。

斑鰶，隶属于硬骨鱼纲鲱形目鲱科斑鰶属。它们的身体侧扁，呈长椭圆形，体色为银灰色；其最显著的特征是胸鳍上方有一个黑色斑点，背鳍最后一根鳍条延长成丝状。斑鰶是一种小型鱼类，成鱼最大约为20厘米。

斑鰶为近海中上层鱼类，喜欢栖息于沿海港湾和河口水深5~15米处。它们经常结群行动，适盐范围较广，既可在海水中又可在咸淡水中生活，有时可进入淡水而不死。斑鰶以浮游生物为食，如各种藻类、贝类、甲壳类和桡足类幼体、沙壳纤毛虫等。

斑鰶属于暖水性浅海鱼类，一般不做长距离移动，平时栖息在内湾浅水区。在我国，斑鰶于4月底进入黄海和渤海水域，向湾外进行产卵洄游；5月中上旬到达产卵场，产卵后成鱼在近海摄食，幼鱼在港湾内摄食；8月后由深水区向浅水区移动进行索饵洄游；10月以后，水温下降，又游向黄海南部深水区越冬；翌年3月离开越冬场，向西北方向洄游。南海种群的斑鰶与黄海和渤海种群不同，11月间即进行产卵洄游，11月至翌年1月为产卵期。

斑鰶的蛋白质含量高，含有18种氨基酸，其中赖氨酸的含量丰富，是一种值得深度开发的蛋白质资源。斑鰶不太适合制作鱼糜，却是制作明胶、生物活性肽、功能食品基料和海鲜调味料的好原料。

拉丁学名：*Konosirus punctatus*（Temminck & Schlegel，1846）。

英 文 名：Dotted gizzard shad。

俗　　名：刺儿鱼、古眼鱼、磁鱼、油鱼。

分　　布：分布于印度到东印度群岛以及朝鲜和日本南部海域，我国沿海均有分布。

保护级别：无危（LC）。

『银色精灵』日本鳀

新江之岛水族馆是日本最古老的水族馆，去过那里的游客应该会对水族馆外围街道餐馆里售卖的一种叫 shirasu 的美食恋恋不忘。煮熟的 shirasu 呈白色，也有生鲜银色的，配上牛肉、白米饭和酱汁，如此简单的搭配便成了当地有名的佳肴。这种叫 shirasu 的美食就是日本鳀稚鱼。新江之岛水族馆从 2013 年起开始研究日本鳀的人工繁殖方法，目前馆内所展示的日本鳀都是自行繁育的。日本鳀在展示池子里大多时候是在绕圈游动，偶尔会聚集成球，时而也会来个急转弯，在光照下银光闪闪。

日本鳀，隶属于硬骨鱼纲鲱形目鳀科鳀属。它们的体背呈蓝色，腹面为银白色；体侧有一条青黑色纵宽带，无侧线；体表覆盖着一层很薄的圆鳞，极易脱落；它们的吻钝圆而突出，下颌短于上颌，专业术语称之为下位口。

日本鳀为我国近海常见的温水性小型中上层鱼类，常栖息于水色澄清的海区。白天它们栖息的水层较深，而清晨和傍晚则常成群浮于水面觅食，摄食对象多为浮游硅藻和小型甲壳类。它们的趋光性很强，有明显的昼夜垂直移动现象，幼鱼尤为明显。诗云：“不用虾捞不用钩，生成半寸狎浮沤。灯光射处丁沽集，取尽鱼儿万万头。”这里说的就是渔人用光诱捕鳀鱼的场景。

鳀鱼一年繁殖一次，在一个繁殖期内分批排卵（一般分两三次排卵）。它们一般在 4 月末至 5 月初到达辽宁黄海沿岸，5 月中下旬开始产卵，产卵盛期为 6 月，7 ~ 9 月产卵活动继续，但产卵量显著减少。研究发现，辽宁黄海沿岸的中心产卵场在大洋河口至海洋岛一带，其次是大连近海的圆岛附近。

鳀鱼的味道鲜美，营养价值高，其体内共含有 17 种氨基酸，其中 7

拉丁学名：*Engraulis japonicus* Temminck & Schlegel，1846。

英 文 名：Japanese anchovy。

俗　　名：小银鱼、海蜒、苦蚵仔、片口、抽条、离水烂等。

分　　布：广泛分布于日本海、朝鲜沿岸及俄罗斯远东滨海区南部和南库页岛一带，我国主要分布于东海、黄海和渤海近岸。

保护级别：无危（LC）。

种为人体必需氨基酸，占氨基酸总量的38.7%。同时，鳀鱼体内的呈味（指具有鲜味）氨基酸含量高达28.8%，烹饪时加入鳀鱼完全可以代替味精、鸡精等调味品。此外，鳀鱼干品中含有13种饱和脂肪酸，不仅有益于儿童的生长发育、智力发育和身体健康，更有降血脂等作用，是天然的营养补品。

寄语：

千姿百态的海洋生物记录了生命演化的历程，也保存了人类演化的最早证据。海洋是我们人类赖以生存的家园。保护海洋，不仅是保护我们的过去，更是保护我们的未来。

——秦耿，博士、副研究员，中国科学院南海海洋研究所

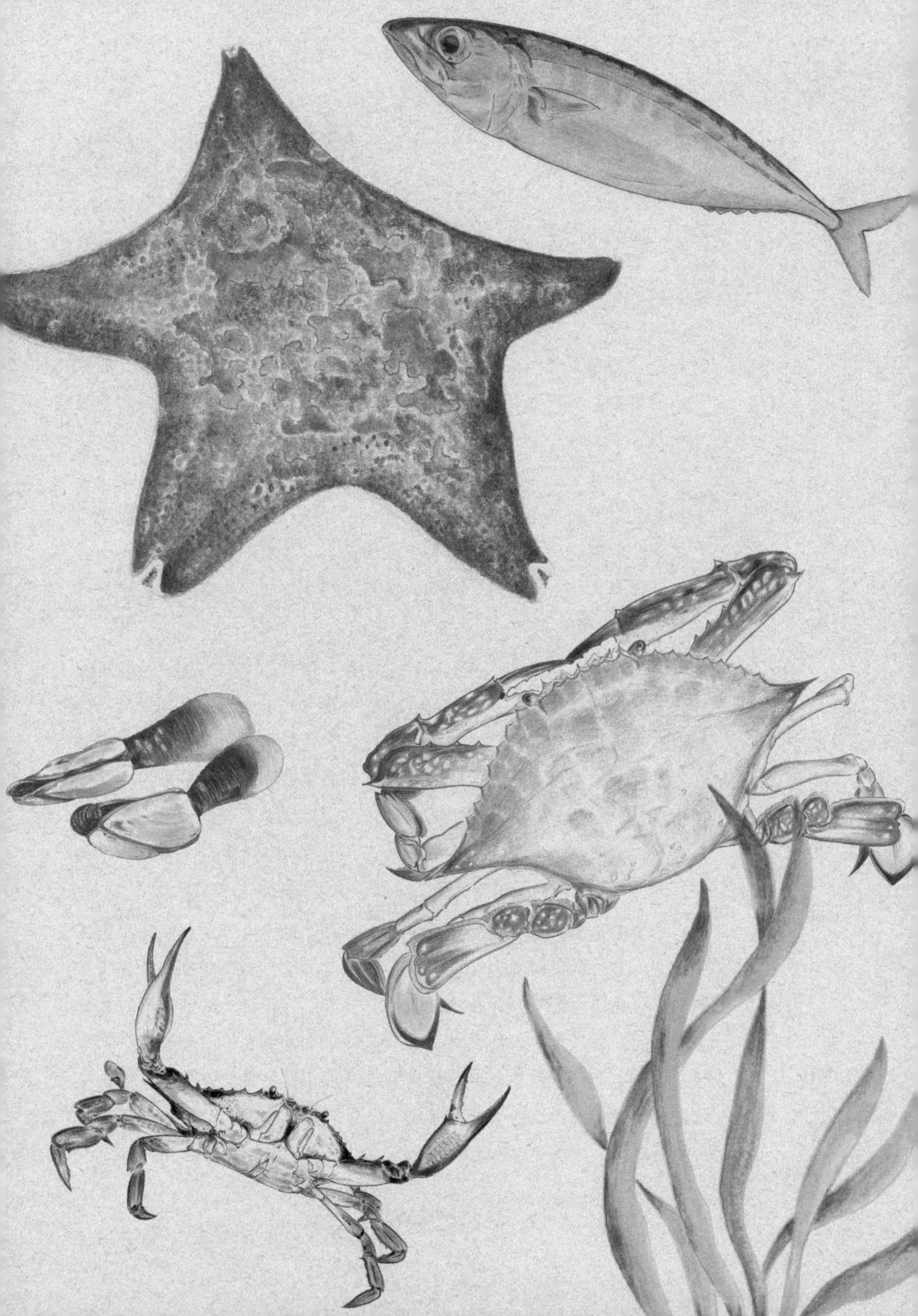

『温血鱼类』斑点月鱼

有一种鱼，它们的肌肉有三种颜色：背部肌肉为橙色，腹部肌肉浅至粉色，面颊肌肉呈暗红色，而煮熟后全部变成白色。不仅如此，它们的体温恒定，平均肌肉温度比周围的水温高出 5 摄氏度左右。这种鱼有一个非常文艺的名字——斑点月鱼。

斑点月鱼，隶属于辐鳍鱼纲月鱼目月鱼科月鱼属。它们的体形像盘子一样，扁平而圆：胸腹部较圆，近尾部渐趋侧扁，尾柄宽阔，尾鳍呈圆弧形。它们的体色鲜明美观，上部为蓝色，下部呈玫瑰色，鳍条为鲜红色，体表具有白色圆斑。它们的头和眼睛非常大，整个身体看起来似乎有点比例失调。

虽然斑点月鱼的名字听起来特别文艺，但实际上它们是一种非常强悍的鱼。斑点月鱼是一类大型海水鱼，其体长可达两米，体重可达 140 千克甚至更重。不要因其庞大的身躯就认为它们是一种笨拙、动作缓慢或者基本上不运动的鱼，实际上它们游泳的速度非常快，是极其活跃的捕食者。科学家们利用标记方法发现它们的迁徙距离可以达到几千千米。斑点月鱼主要靠上下挥动大型胸鳍的方式进行游动，像船划桨一样。也正是因为如此，它们的胸鳍特别长，是非常重要的游泳器官。

鱼类是变温动物（俗称冷血动物），似乎是我们毋庸置疑的共识，然而令人震惊的是斑点月鱼有着恒定的体温。这一新发现改变了教科书中“鱼类是冷血动物”的传统观点！科学家们解释说，斑点月鱼的鳃长有独特的红蓝色的细脉血管网，血管网中的血液利用逆流热交换机制调节体温。这句话可以简单地理解为斑点月鱼趁温血尚未被外界冷水冷却时先把热量传递给冷血，从而防止温血中的热量在鳃中向外散失而被白白地浪费。

拉丁学名：*Lampris guttatus*（Brünnich，1788）。

英 文 名：Opah。

俗　　名：月鱼、花点三角仔、红皮刀。

分　　布：西大西洋、西印度洋温带海域及太平洋温带海域、亚热带海域均有分布，我国台湾西南部海域较盛产，东港及东部偶尔可见。

保护级别：无危（LC）。

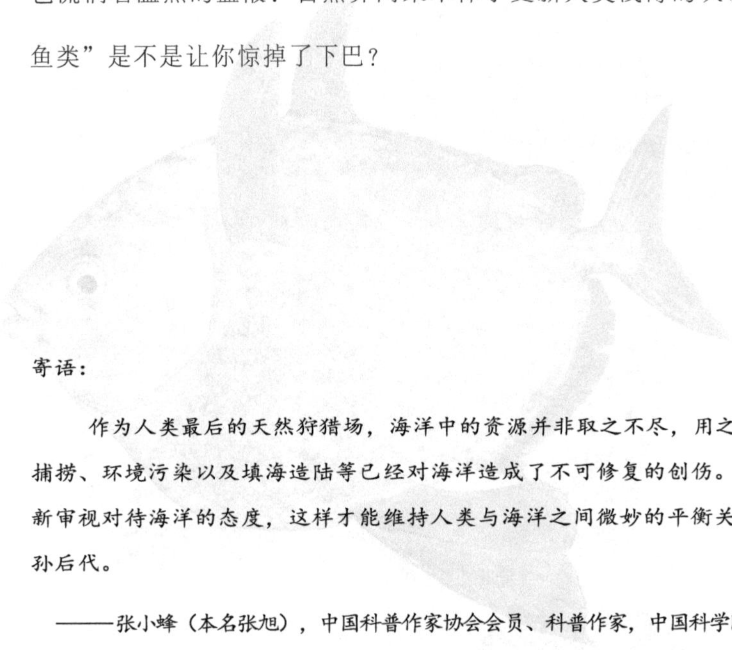

长期以来，我们一直认为温血动物被鸟类和哺乳类所“垄断”。直到斑点月鱼出现后，人们才终于发现，原来和我们一样，它们的身体中也流淌着温热的血液！自然界向来不惮于更新人类浅薄的认识，“温血鱼类”是不是让你惊掉了下巴？

寄语：

作为人类最后的天然狩猎场，海洋中的资源并非取之不尽，用之不竭。过度捕捞、环境污染以及填海造陆等已经对海洋造成了不可修复的创伤。我们必须重新审视对待海洋的态度，这样才能维持人类与海洋之间微妙的平衡关系，造福子孙后代。

——张小蜂（本名张旭），中国科普作家协会会员、科普作家，中国科学院动物研究所

『营养大师』太平洋鳕

太平洋鳕，隶属于硬骨鱼纲鳕形目鳕科鳕属。它们的身体延长、侧扁，背部略呈弧形，尾部向后渐细；口大，端位，吻长而圆钝；上颌突出，下颌有一根颏须；它们有三个背鳍和两个臀鳍，其余鳍各一对（个），各鳍为淡灰色，背鳍、臀鳍和尾鳍边缘呈白色；背部有一些不规则的斑纹，腹部及下侧面为灰白色。

鳕鱼是一种较为名贵的深海冷水性底层鱼类，其肉质厚实、刺少，味道鲜美，营养丰富，是我国北方乃至世界上许多国家重要的海洋经济鱼类之一。研究报道，鳕鱼体内的脂肪含量极低（小于 0.5%），而肝脏的含油量高达 45%，同时富含二十二碳六烯酸（DHA，俗称脑黄金）等多不饱和脂肪酸，能为婴儿大脑发育提供充足的营养以及丰富的脂溶性维生素 A、D、E 等。因此，在北欧，鳕鱼被称为“餐桌上的营养师”，葡萄牙人则更直接地把它称为“液体黄金”，可见其营养价值之高。

近年来，随着人们对鳕鱼需求量的日渐增加以及捕捞技术的不断发展，野生鳕鱼数量急剧下降，无法形成规模化的捕捞产量。虽然目前挪威、芬兰、丹麦及加拿大等国在大西洋鳕人工繁育及养殖技术方面取得显著成效，但是目前仍未突破太平洋鳕的人工繁育技术，主要原因在于对亲鱼的驯化培育、胚胎和早期发育阶段的形态特征及其生理生态特性的认识不足。因此，实现太平洋鳕大规模人工养殖是当前亟待解决的科学难题。

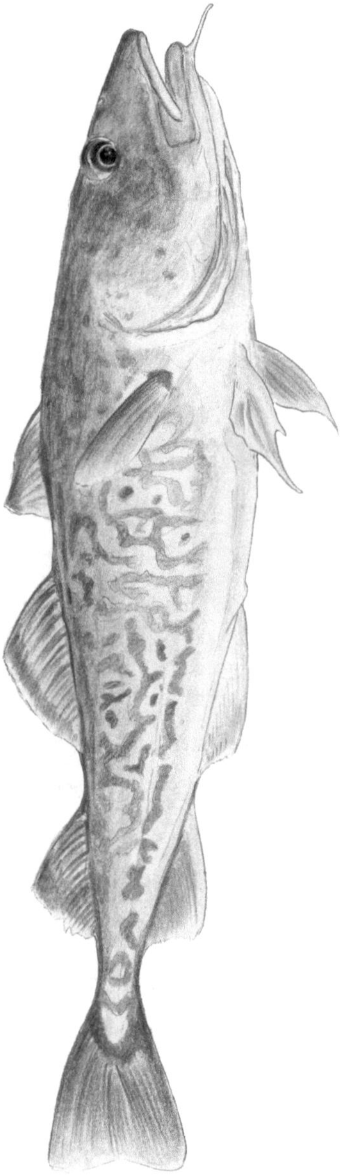

拉丁学名：*Gadus macrocephalus* Tilesius，1810。

英 文 名：Pacific cod。

俗　　名：鳕鱼、大头鳕、大头鱼、大头腥、明太鱼。

分　　布：分布于太平洋北部海域，我国黄海、渤海以及东海北部海域均有产；为底栖性鱼类，活动范围从大陆架至900米水深海域。

保护级别：近危（NT）。

『两岸信使』鲻鱼

鲻鱼，在我国台湾的多数地区被称为乌鱼。冬天，由于我国北方海水温度较低，乌鱼从北方海域洄游南下至台湾外海准备产卵。乌鱼贴近台湾沿岸期间，其卵巢正值交配前最成熟的阶段。当地渔民把捕捞上来的乌鱼剖腹取出卵巢，经过一系列处理制作成闻名遐迩的乌鱼子。此时的乌鱼子晶莹剔透、肥大饱满。雄鱼的精巢则可现做成美食。鲻鱼年复一年地穿梭在大陆沿海和台湾海峡之间，永不停歇地诉说着两岸的故事。它们像是默默无闻的信使，不舍昼夜地传递着两岸人民的情谊。

鲻鱼，隶属于硬骨鱼纲鲻形目鲻科鲻属。鲻鱼的身体较长，前部近圆筒形，后部侧扁，整个身体呈棒槌形，因此沿海居民又称其为“槌鱼”。它们的眼睛很大，眼睑发达。鲻鱼的外形与梭鱼十分相似，较难区分，主要区别在于鲻鱼较肥短，而梭鱼相对细长。此外，鲻鱼的眼圈大且内膜呈黑色，而梭鱼的眼圈小且内膜液体呈红色。

鲻鱼为广盐性鱼类，对渗透压的调节能力非常强大，因此能够在海水和淡水间往来生存。它们生性活泼，喜欢群居，常见于近海暖流区，随波成群游动，速度很快，很少在同一个地方逗留很长时间。鲻鱼为杂食性鱼类，以铲食泥表的周丛生物为生，饵料有硅藻、腐植质、多毛类和摇蚊幼虫等，有时也食小虾和小型软体动物。

鲻鱼是洄游性鱼类，喜欢栖息于浅海、内湾以及河口咸淡水交界处，有时亦上溯至淡水江河中；繁殖季节则游向外海浅滩或岛屿周围产卵。育苗汛期一般在 1~4 月，此时最适合捕捞育苗暂养。鲻鱼生长迅速，现已成为良好的养殖种类。鲻鱼富含蛋白质、脂肪酸、B 族维生素以及钙、镁、硒等营养元素，且肉质细嫩，味道鲜美，特别是冬至前的鲻鱼最为丰满，腹背皆腴，特别肥美，常被作为宾馆酒楼的海鲜佳肴。同时，鲻鱼肉还具有补虚弱、健脾胃的作用，对于消化不良、小儿疳积、贫血等病症具有一定的辅助疗效。

拉丁学名：*Mugil cephalus* Linnaeus，1758。

英文名：Flathead grey mullet。

俗名：乌头、乌鲻、乌鱼、九棍、槌鱼、脂鱼、白眼、丁鱼、黑耳鲻等。

分布：广泛分布于太平洋、印度洋、大西洋、地中海、黑海等温带和热带近岸海域，我国沿海均产。

保护级别：无危（LC）。

『补网大师』间下鱵

有一种长相奇特的海洋鱼类，它们既能生活在近海海域，也能在通海的淡水江河湖泊中洄游。它们的身体细长侧扁，两颌长度相差很大。上颌短小，顶部呈三角形，下颌很长，延长成喙状，喙长略等于头长。它们的头部如同绣花针一样，因此在民间俗称为针鱼或补网师。

针鱼，学名为间下鱵，隶属于硬骨鱼纲颌针鱼目鱵科下鱵鱼属。此鱼形态奇特，下颌明显长于上颌，仅在两颌相对部位长有牙齿，前方为细弱的犬齿，口角处则为三尖形或截形齿。针鱼的胸鳍和腹鳍都很小，背鳍和臀鳍出现在身体后端，尾鳍浅开叉。它们的体背呈浅灰蓝色，腹部为白色，体侧中间有一条银白色的纵带。成鱼的喙为黑色，前端呈鲜艳的橘红色。

针鱼属于暖水性近海鱼类，常生活于中上层水域，亦生活于河口附近，为上溯洄游鱼类。它们主要以桡足类和枝角类为食，有时也捕食昆虫，夜间有趋光习性。针鱼成鱼的体形较小，为颌针鱼中个体较小的一种，体长在 15 厘米左右。在食用针鱼时，多以油炸为主，也有渔民将其内脏去除后鲜用或晒干备用。针鱼虽可食用，但口感一般，经济价值不大。针鱼对水质的要求很高，可作为水域环境的指示物种。

拉丁学名：*Hyporhamphus intermedius*（Cantor，1842）。

英 文 名：Asian pencil halfbeak。

俗　　名：补网师、半嘴鱼、水针、针鱼、婆婆鱼等。

分　　布：分布于印度洋北部沿岸，我国沿海及其附近的江河和内河等水域均有分布。

保护级别：无危（LC）。

『菜市常客』秋刀鱼

秋刀鱼，隶属于硬骨鱼纲颌针鱼目竹刀鱼科秋刀鱼属，因其体形细圆，修长如刀，生产季节在秋天，故名“秋刀鱼”。它们的体长可达35厘米，背部呈深蓝色，腹部为银白色，吻端与尾柄后部略带黄色。它们的体表覆盖小圆鳞，鳞片极易脱落；背鳍和臀鳍后端分别有5~6个和6~7个游离的小鳍。秋刀鱼为洄游性群游鱼类，成鱼多数在外海表层活动，稚鱼则随漂浮的海藻游动。

秋刀鱼的摄饵活动主要在白天，晚上基本不摄食。它们在晚上有强烈的趋光行为，渔民通常利用其趋光性进行海捕。常用的捕捞方法是将500瓦蓝色或白色的强光灯固定在渔船的一侧，另一侧则为较弱的红光。当鱼群被强烈的白光吸引聚集时，灯即被换到船的另一侧。通过快速转换灯光，通常可将整群鱼都网住。秋刀鱼的天敌主要有海洋哺乳类、乌贼、鲔鱼和板鳃亚纲鱼类等。遇到掠食者时，它们可以在水表滑行逃离。

秋刀鱼属于经济鱼类，自2003年我国成功开发了西北太平洋秋刀鱼渔场之后，秋刀鱼已逐步进入市场。秋刀鱼的口感新鲜，营养丰富，其体内富含二十二碳六烯酸，还有二十碳五烯酸（EPA）等不饱和脂肪酸，具有抑制高血压、心肌梗死和动脉硬化的显著作用。此外，秋刀鱼体内还含有丰富的维生素A，这也是多吃秋刀鱼可以预防夜盲症的原因。一条碳烤秋刀鱼配上一碗白米饭和味僧汤是日料中的经典搭配。

拉丁学名：*Cololabis saira*（Brevoort，1856）。

英 文 名：Pacific saury。

俗 名：竹刀鱼。

分 布：分布于北太平洋海域，

我国主要分布在黄海和山东东部沿海。

保护级别：无危（LC）。

『红裙舞者』黑带金鳞鱼

黑带金鳞鱼最明显的特征就是其突出的大眼睛和一身鲜艳的红色，多数海洋馆都会展示这种鱼。由于它们昼伏夜出，白天太强的光线会导致这些鱼躲藏在饲养池的造景中，参观者很难较好地欣赏到它们。强光还会导致它们的眼睛突出，因此展馆中水池的光照通常比较暗。虽然没有光鲜亮丽的聚光灯作为背景，但是成群的黑带金鳞鱼游动起来像极了一群在黄昏时分翩翩起舞的舞者，似乎在娓娓诉说着一个悠长的故事。

黑带金鳞鱼，又名黑带棘鳍鱼或点带棘鳞鱼，隶属于硬骨鱼纲金眼鲷目金鳞鱼科棘鳞鱼属。它们的身体通常呈红色，背鳍、臀鳍鳍条前方、尾鳍的上下叶外缘以及眼睛下方到前鳃盖骨硬棘处均为红色，背鳍、臀鳍鳍条、胸鳍和尾鳍略带黄色，体侧有 11 条白色粗纵线，体长可达 27 厘米。它们通常生活在沿海的珊瑚礁、潟湖和河口附近，属夜行性鱼类，白天大部分时间潜藏在洞穴里，晚上出来寻食虾、蟹类。

黑带金鳞鱼的性情比较温和，容易饲养，常被养在水族箱中，观赏价值高。它们多半不能接受人工饲料。刚入缸时，一般用活的盐水虾或糠虾诱其开口；平时饲养时可以提供活的饲料虾、冷冻的干虾或者切碎的海鲜。它们有巨大的口裂，可以吞下小型鱼类。因此，如果要将小型鱼类和黑带金鳞鱼混养，那么一定要保证小型鱼类有足够的活动空间和藏身地点，以免成了黑带金鳞鱼的鲜活饵料。

拉丁学名：*Sargocentron rubrum*（Forsskål，1775）。

英文名：Redcoat squirrelfish。

俗名：金鳞甲、铁甲兵、铁线婆。

分布：分布于印度洋、太平洋西部海域，我国主要分布于南海珊瑚礁区域。

保护级别：无危（LC）。

『心向月光』海鲂

海鲂，隶属于硬骨鱼纲海鲂目海鲂科海鲂属。海鲂的身体扁平，口大，体色为淡灰色，半透明，略带红色；头部为肉白色，像马面一样；它们的鳞片已退化，不呈覆瓦状排列。海鲂比较好辨认，最大的特征是在其体侧靠近头部位置的中间有一个黑色的圆斑标记。

海鲂俗称“月亮鱼”，并不是说它们长得像月亮，而是因为它们生活在深海中，白天基本上见不着，只有阴历每月十五前后月圆时才浮出水面，且多在夜里 12 点至 1 点之间；加上它们身上带有点状斑纹，好似天上的星星，于是成就了“月亮鱼”的美名。

海鲂为近底层鱼类，主要生活在 100~800 米水深的大陆架斜坡及海沟周围的泥沙质地带。它们在冬季至春季产卵，产量虽然不高，但市场上总能看到海鲂的身影。它们又扁又宽，体长一般为 30~40 厘米，个别可达 50 厘米；体重一般为 1~2 千克。海鲂主要以群游硬骨鱼类为食，偶尔捕食头足类与甲壳动物，捕食方式一般为“守株待兔”、突然袭击，被称为孤独的狩猎者。它们游泳的速度较慢，易于捕捉。自 20 世纪 50 年代以来，人们就开始大肆捕捞海鲂，它们是新西兰商业拖网捕捞的主要目标。

拉丁学名：*Zeus faber* Linnaeus，1758。

英 文 名：John Dory，Peter's fish。

俗　　名：月亮鱼。

分　　布：分布于地中海、东大西洋以及南非、澳大利亚、新西兰及日本等海域，我国主要分布于南海和东海。

保护级别：无危（LC）。

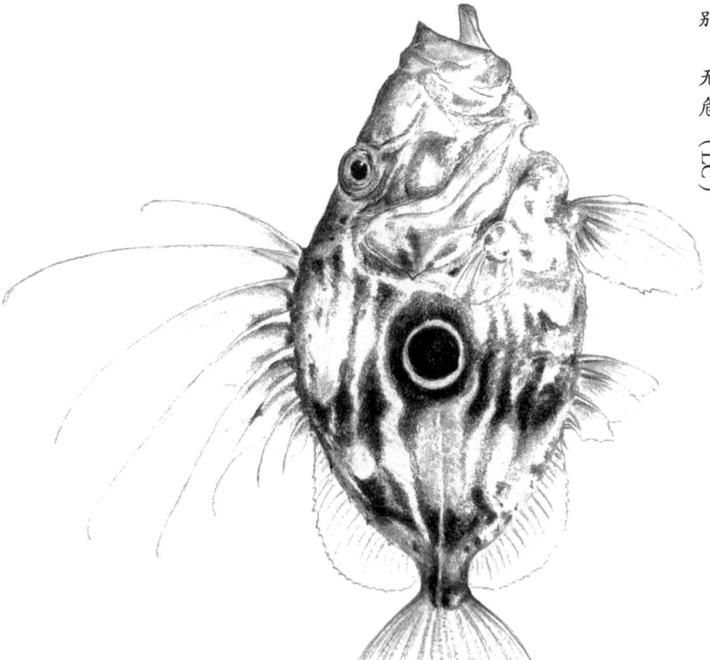

『超级奶爸』鲍氏海马

海藻丛中生活着一种外形极其不像鱼类的鱼类，它们的头看起来酷似陆地上的马，尾椎则演化成如猴子尾巴一样，可卷曲钩住任何突出的物体。它们独特的“雄性育儿”方式更是引人注目。这些看着不像鱼类的海洋生物便是海马。

鲍氏海马，隶属于硬骨鱼纲刺鱼目海龙科海马属，是生活在温暖水域的海洋鱼类。海马的头部侧扁，嘴部呈管状，胸腹部向前突出，尾部细长且常呈卷曲状；胸鳍发达，腹鳍和尾鳍退化，背鳍位于躯干与尾部之间；它们的头部与身体近似成直角，使得它们看起来形似陆地上的马，这便是“海马”名字的由来。

在人们的印象中，宝宝都是由妈妈生下来的，但是非常神奇的是海马宝宝是由爸爸生下来的。海马爸爸当然不是雌性动物，也不是雄雌同体，那么它们究竟是怎么怀孕的呢？原来，海马爸爸为了抚育自己的小宝宝，在腹部的正前方演化出了一个被称为育儿袋的小口袋。繁殖季节，海马妈妈会把卵产在海马爸爸的这个育儿袋中。经过大约两周的孵育后，小海马就从海马爸爸的育儿袋中孵化出来了。这样说来，海马爸爸其实只是充当了“代孕爸爸”的角色。海马是由雄性孵化的卵胎生动物。

海马是一种名贵的中药材，我国素有“北方人参，南方海马”的说法。当前由于人们对自然海域中海马的过度捕捞，它们的生境遭到破坏，野生海马已被列为濒危物种。在我国，所有野生海马种类都按照国家二级保护动物级别加以保护。其实，海马的某些功效被过分夸大了，它们的某些药用价值完全可以用其他药物代替，而其为人体补充的营养也是其他普通的海鲜产品所具有的，人们完全没有必要盲目地消耗这种可爱的小生灵。

拉丁学名：*Hippocampus barbouri* Jordan & Richardson，1908。

英 文 名：Barbour's seahorse。

俗　　名：海马。

分　　布：分布于西太平洋近岸浅水区及珊瑚礁海区，主要分布于菲律宾、马来西亚和印度尼西亚沿海；我国的主要产地是南海。

保护级别：易危（VU），《国家重点保护野生动物名录》二级保护动物。

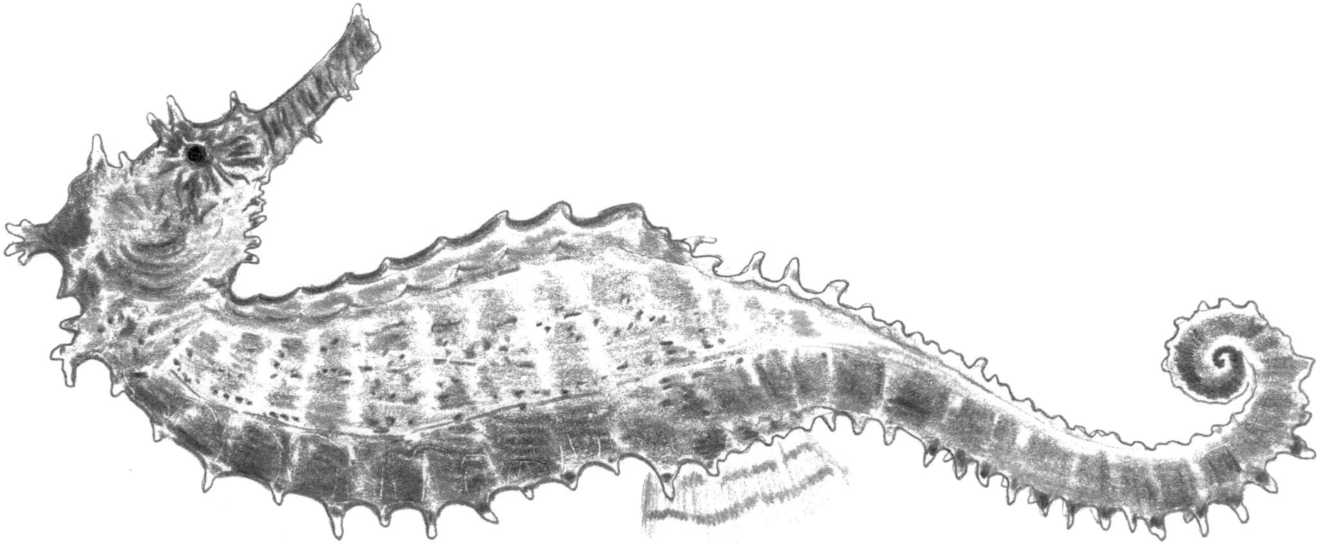

『孤傲毒帆』翱翔蓑鲉

鱼鳍完全张开的狮子鱼无论是远望还是近观，都像一朵盛开的艳红的花儿；然而在其美丽的外表之下，暗藏着快、狠、准、毒的“杀技”。狮子鱼因其艳丽的外表而深受海洋馆的喜爱，因此在国内海洋馆中都能看到狮子鱼。

这里说的狮子鱼，其学名为翱翔蓑鲉，隶属于硬骨鱼纲鲉形目鲉科蓑鲉属，是一种暖水性珊瑚礁鱼类。狮子鱼的体形延长、侧扁；体表有红色、棕褐色和黄白色条纹间隔，背鳍、臀鳍和尾鳍上点缀着褐色、橘红色或者黑色斑点，从远处看起来像是在身上插满了彩旗，如同京剧中插着旌旗的武生；体长最长可达 38 厘米。

在自然界中，色彩越鲜艳的生物暗藏的危险越大，狮子鱼就是其中的一个典型例子。狮子鱼华丽的鳍条使得其游泳速度十分缓慢，当躲不开大鱼的追击而快要被捕时，它们就会使出撒手锏：分布于背鳍、胸鳍鳍条根部以及口周围的皮瓣中的毒腺能够分泌毒液，使得捕食者不能得到战利品，甚至还有中毒丢掉性命的危险。

狮子鱼美丽的外表下有一颗高冷的心，它们喜欢独居，习惯白天隐匿、夜间活动。它们鲜艳的外表与其生存环境中的珊瑚、海葵等生物交相辉映，成为一道天然的保护色。同时，它们会借助有毒的鳍条诱捕猎物，使其昏迷后享受一顿美食盛宴。

拉丁学名：*Pterois volitans*（Linnaeus，1758）。

英 文 名：Red lionfish。

俗　　名：狮子鱼、魔鬼蓑鲉等。

分　　布：主要分布于印度洋北部至太平洋中部，北至中国海中南部及日本海域，我国主要分布于南海、东海海域。

保护级别：无危（LC）。

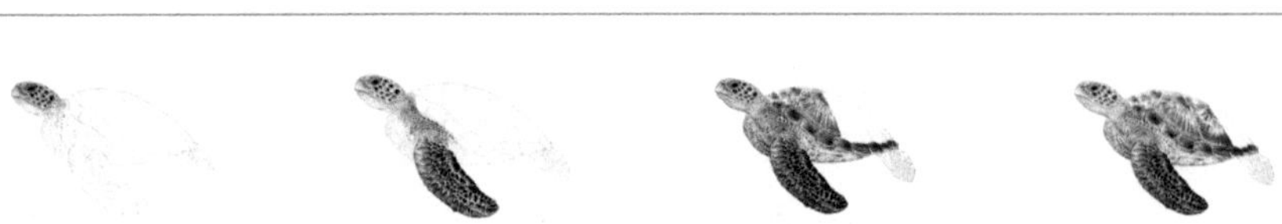

『绿色脂肪』绿蠵龟

绿蠵龟，隶属于爬行纲龟鳖目海龟科海龟属，因其体内脂肪富含海草的叶绿素，亦称绿海龟。然而，绿海龟的外表并不是绿色的，其腹甲为白色或黄白色，背甲则从赤棕（分布有亮丽的大花斑）到墨色不等。绿海龟是各种海龟中体形较大的一种，成龟背甲的直线长度可达 90~120 厘米，体重可达 100 千克以上。成龟的性别很容易辨认，可以通过尾巴的长短粗细来判断。一般而言，雄龟的尾巴长且粗壮，雌龟的尾巴则非常细短。

幼年时期，绿海龟偏肉食性，但绝大多数成龟是较为严格的素食主义者，偶尔才开开荤吃点水母。绿海龟为洄游性海龟，成熟的海龟会在产卵的沙滩和索饵场所之间来回迁徙，多数时间待在近海的索饵场所长膘。雄性绿海龟每年都会回到产卵场附近的海域，而雌性则每隔 2 ~ 5 年回来一次（产卵时能量消耗很大）。绿海龟每次产卵 100 ~ 150 枚。在沙子中孵化 45 ~ 70 天后，新生小海龟就会破壳而出，奔向海洋。奇妙的是，90% 左右的龟鳖类动物的性别是由温度决定的。一般情况下，卵堆中间的温度比较高，通常孵出雌性；卵堆外围的温度比较低，通常孵出雄性。但我们熟悉的甲鱼的性别则完全由基因决定，不受温度影响。

由于栖息地遭到破坏以及人为滥捕，我国沿海的绿海龟产卵点近年来少有海龟上岸产卵，再加上其生长缓慢，绿海龟种群数量不容乐观。值得庆幸的是，我国三沙市七连屿的北岛正在开展绿海龟的保育工作。希望在科研人员和公众的共同努力下，绿海龟这一极危物种能够继续繁衍生息。

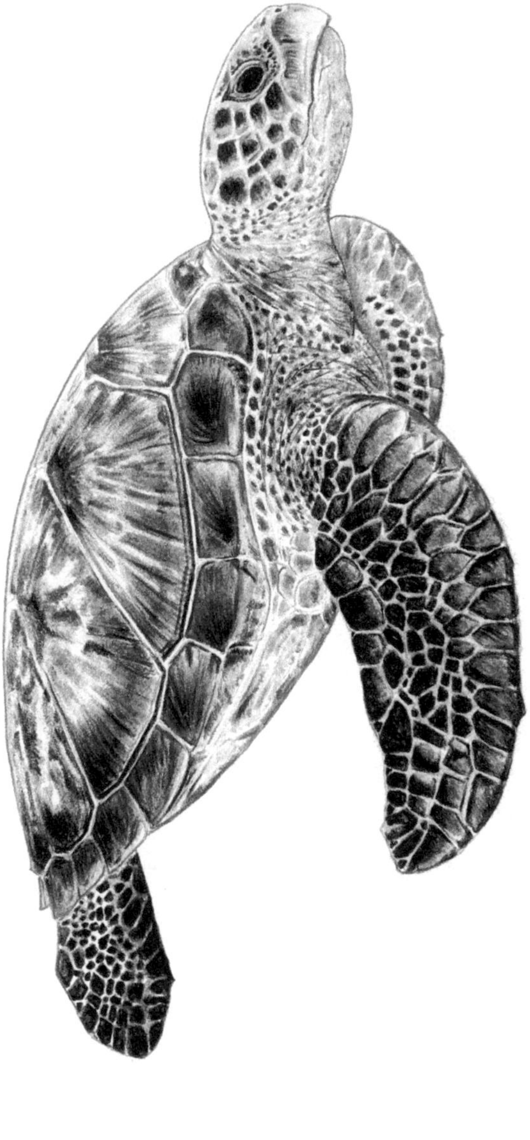

拉丁学名：*Chelonia mydas*（Linnaeus，1758）。

英 文 名：Green Turtle。

俗　　名：绿海龟、黑龟、石龟。

分　　布：广泛分布于太平洋、印度洋及大西洋的温水水域；在我国江苏、浙江、福建、台湾、广东等地区的沿海地带都有分布，尤以南海为多，但产卵场所只有福建西部和广东东部沿海地区。

保护级别：被列入《华盛顿公约》附录Ⅰ名录，在我国被列为极危（CR）物种。

『美味石头』褐菖鲉

褐菖鲉，隶属于硬骨鱼纲鲉形目平鲉科菖鲉属，为暖温岩礁性鱼类。菖鲉属仅包括3种鱼类，即白斑菖鲉、褐菖鲉和三色菖鲉。相对于具有上百个物种的近缘类群平鲉属（*Sebastes*）而言，菖鲉属真的是“小户人家”。褐菖鲉头大鳍硬，头部背面具棱棘，眼间隔凹深，体侧有5条暗色的不规则横纹。褐菖鲉的领地意识强，对入侵的其他生物和同类有防御行为；它们主要以鱼类、甲壳类为食；一般不成大群，也不进行远距离洄游，水平与垂直移动范围均在1000米以内，因此是人工增殖放流的优选对象。

褐菖鲉是卵胎生鱼类，行体内受精的生殖习性，在日本的海域范围内从12月至次年2月进入繁殖季节。刚出生的鱼苗体长为4~5毫米，成鱼体长在30厘米左右，肉质细嫩可口，营养丰富，具有很高的经济价值，素有“假石斑鱼”之美誉，名列岛礁高级食用鱼榜首，热销于各大高档宾馆和酒店。但是，褐菖鲉背鳍基部有毒囊，可分泌毒性很大的神经毒素，因此，在处理背鳍刺时一定要特别小心。近年来，由于过度捕捞和航道开发等原因，褐菖鲉的自然资源量急剧下降，其个体也越来越趋向小型化。目前，对其大规模的人工繁育仍未从根本上得到解决，开展褐菖鲉人工繁殖和养殖技术研究具有广阔的市场前景。

拉丁学名：*Sebastiscus marmoratus*（Cuvier，1829）。

英　文　名：Dusky stingfish，False kelpfish。

俗　　名：鬼虎鱼、石头鱼、石头鲈、石狗公。

分　　布：分布于北太平洋西部，我国南海、东海、黄海和渤海均有产。

保护级别：未予评估（NE）。

『生而为“鱼”』焦氏平鲉

焦氏平鲉，隶属于硬骨鱼纲鲉形目平鲉科平鲉属。它们的身体延长、侧扁，口大，牙齿锋利；具有两个背鳍，第一背鳍和第二背鳍分别由坚硬的鳍棘和较柔软的鳍条组成，鳍棘和鳍条之间有一个明显的缺刻；体背具有 6 条暗色斑纹，并从第一背鳍延伸到尾鳍基部。

绝大多数鱼类采取卵生的繁殖方式，只有极少数真骨鱼类和板鳃鱼类为卵胎生或胎生。卵胎生是指动物的卵在体内受精、体内发育的一种生殖形式。受精卵在母体内发育成新个体，胚胎发育所需营养主要来自卵黄。常见的鳉鱼科鱼类（如孔雀鱼、红箭、黑玛丽等热带观赏鱼）以及大部分平鲉属鱼类就属于卵胎生。在繁殖季节，雄性焦氏平鲉将交接器插入雌鱼的生殖孔内，完成体内受精。受精卵在雌鱼卵巢腔内进行胚胎发育，经过 1~2 个月的怀孕时间后产出仔鱼。仔鱼出母体后即可游泳，不久便可摄食。仔鱼营浮游生活，幼小个体多分布在沿岸水流较缓的地方，大个体常分布在远离近岸的深水急流处。

焦氏平鲉为温带海水鱼，栖息在底层水域，主要以鱼类和甲壳类为食，有时对软体动物、头足类、海星、珊瑚水螅体等也很感兴趣。目前关于焦氏平鲉的研究甚少，其生活习性、繁殖特点等均不清楚。

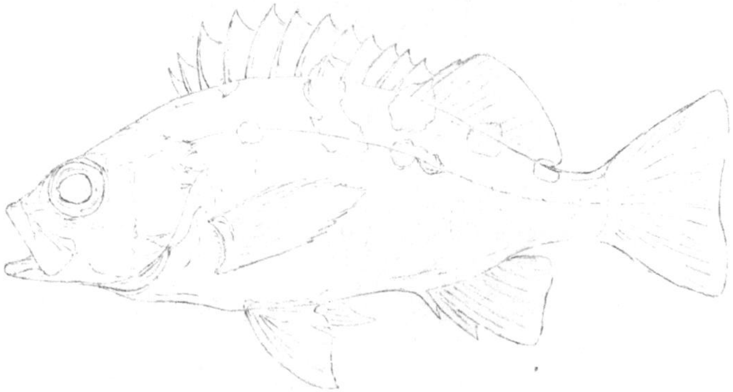

拉丁学名：*Sebastes joyneri* Günther，1878。

英 文 名：Joyner's rockfish，Togot seaperch，Offshore seaperch。

分　　布：分布于西北太平洋、中国、日本及朝鲜半岛南部海域，我国沿海均有分布，黄海和东海海域居多。

保护级别：未予评估（NE）。

『以礁为家』许氏平鲉

许氏平鲉，隶属于硬骨鱼纲鲉形目平鲉科平鲉属。它们的身体延长、偏扁，背部及两侧呈灰褐色，散布有不规则的黑斑或白斑，腹部呈灰白色；头大，牙齿锋利。跟其他近缘平鲉种类一样，许氏平鲉也有两个背鳍，其中第一背鳍也由坚硬的鳍棘组成，被其刺伤后伤口会红肿，剧痛难忍。成鱼体长一般在 30 厘米左右，最大可达 40 厘米。

许氏平鲉是我国近海常见冷水性底层鱼类，为肉食性，主要摄食鱼、虾及头足类等。幼鱼多“寄居”在饵料丰富的漂流海藻群中，而成鱼则栖息于近岸岩礁地带、清水砾石区及海藻丛生的洞穴。它们的活动范围小，无远距离洄游习性。有经验的海钓者根据其“恋礁”的特点，能够非常准确地找到哪些地方有鱼窝。

平鲉属的绝大多数鱼类是卵胎生，许氏平鲉也不例外。雌性许氏平鲉的卵和雄鱼的精子不是同步成熟，雄性需要提前将精子储存到雌性的卵巢腔内，待卵子成熟后才能完成受精作用。因此，雌性许氏平鲉一次所生的鱼宝宝可能就不是同一位鱼爸爸的后代哦！

许氏平鲉作为肉食性冷水鱼类，其生长期较长，富含优质的动物蛋白以及不饱和脂肪酸，肉质细嫩，味道鲜美，不管是清蒸还是红烧都极为可口，为大众所喜爱。早期竭泽而渔的捕捞方式使得许氏平鲉的海捕野生产量已经远远无法满足人们的消费需求，近年来人工养殖以及增殖放流得以积极开展，希望能够缓解其野生资源持续衰退这一现状。

拉丁学名：*Sebastes schlegelii* Hilgendorf，1880。

英 文 名：Black rockfish，Korean rockfish。

俗　　名：黑石斑、黑头、黑石鲈、黑鲪、黑裙、黑寨等。

分　　布：主要分布于西太平洋、日本、朝鲜半岛及中国沿海海域，国内主产区为渤海、黄海和东海。

保护级别：未予评估（NE）。

『北方石斑』大泷六线鱼

有一种生活在我国黄海和渤海的“土著”鱼类，它们既不是大黄鱼，也不是小黄鱼，但被当地人称为“黄鱼”或“黄棒子”；它们虽然也不是石斑鱼，但经常被叫作“北方石斑”。这种鱼就是大泷六线鱼。

大泷六线鱼，隶属于硬骨鱼纲鲉形目六线鱼科六线鱼属。它们的个体较小，身体延长、侧扁，呈亚流线型；体侧有大小不一、形状不规则的灰褐色云斑，腹面呈灰白色。它们的鳍条颜色各异：背鳍上有灰褐色云斑，浅凹处鳍棘上方有一个黑色圆斑；胸鳍为黄绿色；腹鳍呈乳白色或灰黑色；臀鳍上伴有许多黑色斜纹；尾鳍呈灰褐色或黄褐色；性成熟时，雄性个体会呈现出鲜艳的婚姻色。因生活环境不同，这种鱼的体色差异明显，有黄绿色、黄褐色、暗褐色及紫褐色等。

不论是幼鱼还是成鱼，大泷六线鱼全年均生活在沿岸及岛屿的岩礁附近，幼鱼主要以甲壳动物为食，成鱼则主食软体动物。清明节以后，它们常集结成群，在浅海礁石附近和岸边活动觅食，直到小雪过后才游到深水岩洞里过冬。繁殖期间，雌鱼产卵后，雄鱼会承担起护卵的责任。在守护鱼宝宝期间，鱼爸爸专心致志、废寝忘食。这种状态一直持续到仔鱼孵化出来。

大泷六线鱼的肉质鲜美，市场需求大，目前已成为国内北方的海水鱼养殖种类之一。

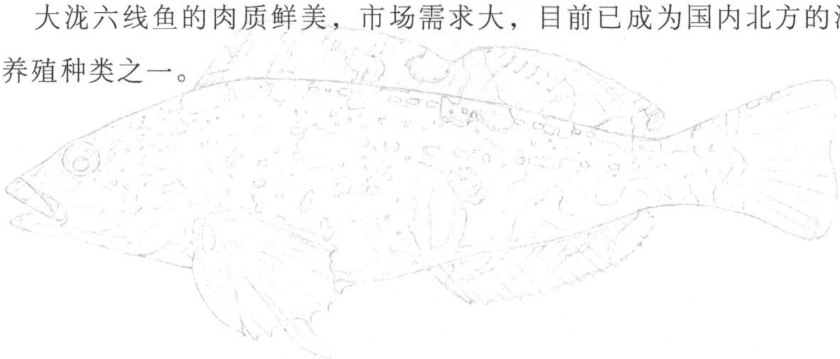

拉丁学名：*Hexagrammos otakii* Jordan & Starks，1895。

英 文 名：Fat greenling。

俗　　名：海黄鱼、黄棒子。

分　　布：分布于中国东海、黄海、渤海，朝鲜、日本等国海域也有分布。

保护级别：无危（LC）。

『海中绿翅』小银绿鳍鱼

在我国沿海偶尔能捕捞到这样一种鱼，它们的身体通红，两侧长着一对闪烁着荧光的蝴蝶状“翅膀”，可以在海里“飞翔”。同时，它们又长了一些奇怪的“螃蟹腿”，可以在海底“走路”。这种鱼被调侃成螃蟹和蝴蝶鱼的合体，它们有一个美丽的名字，叫作小银绿鳍鱼，被誉为世界上最美的鱼之一。

小银绿鳍鱼，隶属于硬骨鱼纲鲉形目鲂鮄科绿鳍鱼属。它们的身体侧扁，前部稍大，后部渐细；头部及背侧面呈红色，并有黄色网状斑纹；鳃部下方两侧有一对像蝴蝶翅膀的胸鳍，内侧为具有斑点的艳绿色，边缘为蓝色，并且都闪着荧光，十分漂亮，称得上海洋鱼类里的颜值担当。

小银绿鳍鱼是底栖鱼类，隐居在水深 25~600 米的沙泥底，主要以鱼虾、蟹类以及贝类为食。它们的胸鳍下方有 3 对鳍条，这也是胸鳍的一部分。平时小银绿鳍鱼在海底爬行时，这些鳍条就会扮演“脚”的角色；但是当它们由爬行转为游泳时，漂亮的绿鳍和 3 对“脚”就会收拢，紧贴在身体两侧，以减小在水中的阻力。

小银绿鳍鱼看起来就像是全副武装的小勇士，相传它们在海里不畏惧任何生物，就连鲨鱼都不放在眼里，有的时候还会攻击鲨鱼。然而，真实情况是，小银绿鳍鱼的体长只有 30 厘米左右，它们的外表看起来比较凶猛，但它们想要去攻击鲨鱼，那简直是天方夜谭。

拉丁学名：*Chelidonichthys spinosus*（McClelland，1844）。

英 文 名：Spiny red gurnard。

俗 名：绿翅鱼、绿姑、魴鮄、国公鱼、绿莺莺、棘黑角鱼等。

分 布：分布于朝鲜、日本、新西兰、澳大利亚等国家的海域，我国沿海均有产。

保护级别：未予评估（NE）。

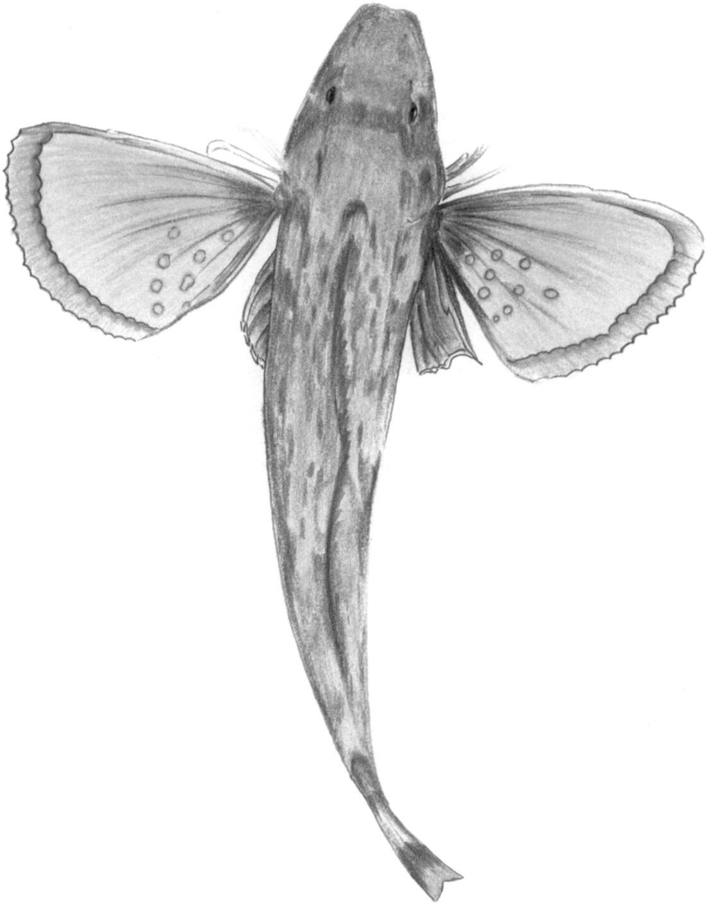

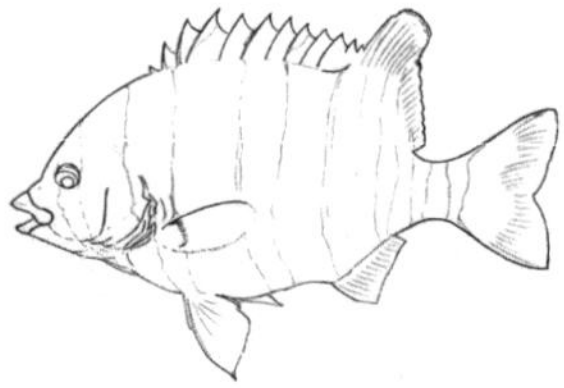

『梦幻之鱼』条石鲷

条石鲷，隶属于硬骨鱼纲鲈形目石鲷科石鲷属，其身体延长成长卵圆形，侧扁而高；上、下颌均长有牙齿，齿间填有石灰质，形成坚固而锐利的骨质喙，就像鹦鹉的喙一样，因此渔民把条石鲷又称作“鹦鹉鲷”。身体两侧的7条黑色素带是条石鲷幼鱼最显著的特征，幼鱼在水里游动时显得十分优雅，所以渔民又称之为“梦幻之鱼”。然而当它们变成成鱼以后，这些横带条纹会逐渐褪色（雌性）或消失（雄性），吻部的颜色也会逐渐加深变黑。

在某些鱼类的早期发育过程中，体色的变化和斑纹的形成是十分重要的变态特征，可以作为不同发育阶段的判断依据。例如，条石鲷仔鱼期色素分布较分散，颜色也较浅；进入稚鱼期后，鱼体的色素分布变得密集，某些部位的色素开始集中分布；而进入幼鱼期后，体表色素基本上已发育完全，身体两侧呈现出明显的横带条纹。研究发现，鱼类体色的形成和变化是其对环境变化的适应结果和健康状况的重要体现，即随着环境、年龄、生理及健康状况的变化，鱼类的体色会发生相应的变化。

条石鲷是栖息于温带和亚热带海域礁岩间的肉食性鱼类，牙齿坚硬锐利，可轻易啃碎海螺和蚌类等的坚硬外壳，也嗜食海胆，不畏棘刺。幼鱼在大洋中随海藻漂游成长，长大后则在沿岸生活。条石鲷营养丰富，肉质鲜美，富含二十碳五烯酸和二十二碳六烯酸，适宜清蒸、红烧、香煎等做法，在我国山东、福建、广东、浙江等地均有人工养殖。

拉丁学名：*Oplegnathus fasciatus*（Temminck & Schlegel，1844）。

英 文 名：Striped beakperch，Rock bream，Barred knifejaw。

俗　　名：石鲷、七色、日本鹦鹉鱼、海胆鲷。

分　　布：主要分布于太平洋和印度洋沿岸，我国黄海和东海等较清的水域均有产。

保护级别：未予评估（NE）。

『雌雄同体』荷氏石斑鱼

荷氏石斑鱼，隶属于硬骨鱼纲鲈形目鮨科石斑鱼属。它们的身体呈长椭圆形，侧扁而粗壮，头部和体表呈棕灰色或暗白灰色；其最大的特征是体表覆盖着边缘弥散的棕黑色斑点，斑点间隔极小而形成白色线条，斑点数超过同等体形的其他石斑鱼。此外，它们的背鳍的第 9~12 根硬棘基部和尾柄上各有一个马鞍形斑点，斑点轮廓分明，即便鱼体褪色后仍清晰可见。

石斑鱼营养丰富，是一种低脂肪、高蛋白的名贵食用鱼，其肉质细嫩洁白，类似鸡肉，素有“海鸡肉”之称。此外，鱼皮胶质的营养成分对皮肤美白和维持弹性具有重要作用，被称为“美容护肤之鱼”。这种鱼的烹饪方式多样，不管是清蒸、红烧还是香煎、糖醋，鲜美细嫩、脆弹爽口的鱼肉都让食客垂涎三尺。

同绝大多数石斑鱼一样，荷氏石斑鱼也是雌雄同体，并且存在性逆转现象。在自然海区，荷氏石斑鱼初次性成熟时表现为雌性，作为雌性参与繁殖后的一年至数年内，雌鱼又开始性逆转变成雄鱼。鱼类性逆转是一个非常复杂的生理过程。关于石斑鱼性逆转的机制，许多研究者认为这应该是环境与遗传因素共同作用的结果。

荷氏石斑鱼的栖息深度一般为 1~37 米，它们主要栖息于沿岸浅岩礁缘、水道和潟湖内的珊瑚礁区。它们是惯于伏击的捕食者，食物以鱼类和甲壳类为主，偶尔捕食软体动物。目前，关于荷氏石斑鱼的研究较少，人们仍未弄清楚其生长繁殖、生态习性等。

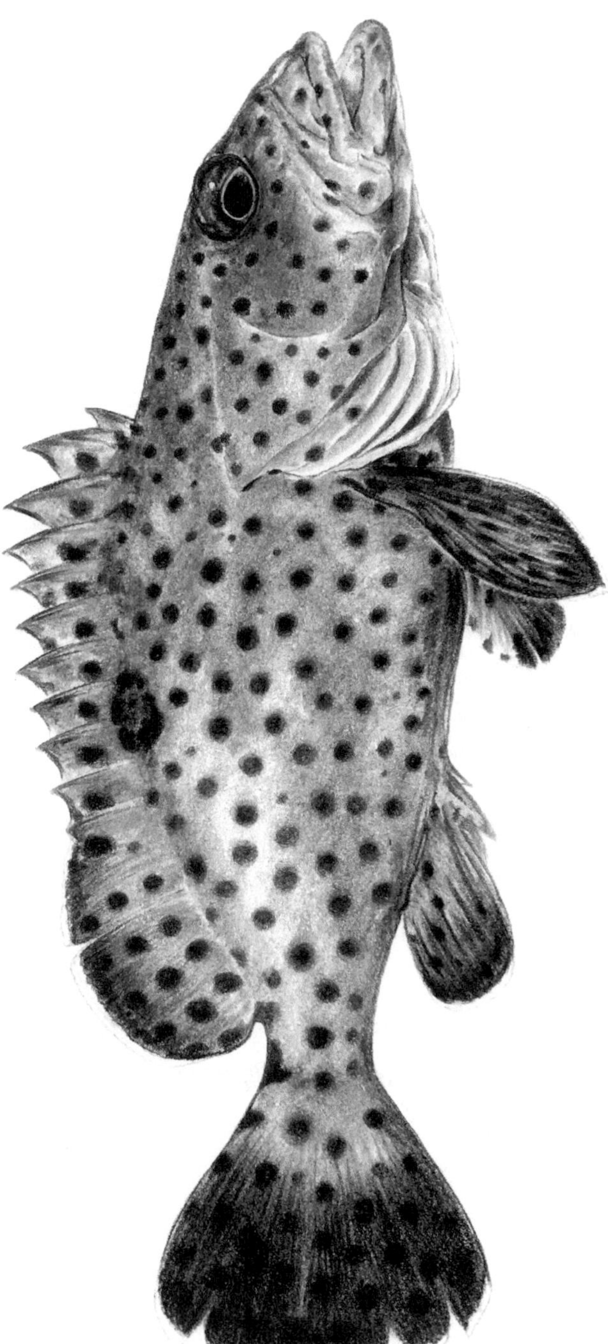

拉丁学名：*Epinephelus howlandi*（Günther，1873）。

英 文 名：Blacksaddle rockcod。

俗　　名：斑吻石斑鱼。

分　　布：分布于西太平洋和南太平洋岛群，我国主要分布于黄海、东海以及台湾海域。

保护级别：无危（LC）。

『另类沙丁』少鳞鱚

密密麻麻的沙丁鱼不停地变换着游动的方向和角度，它们的动作整齐划一，每一次都以近乎完美的球形保持着队列的变化。和沙丁鱼共舞，这是许多潜水爱好者梦寐以求的事情。“沙丁”是“Sardine”的音译，一般指鲱形目鲱科沙丁鱼属、小沙丁鱼属、拟沙丁鱼属及鲱科的某些食用鱼类的统称。而这里说的沙丁鱼跟鲱科鱼类没有任何关系，仅仅因为它们喜欢钻沙，当地人俗称其为“沙钻”，后来讹传为“沙丁”。

喜欢钻沙的沙丁鱼的学名为少鳞鱚，隶属于硬骨鱼纲鲈形目鱚科鱚属。它们的身体细长柔美，稍侧扁，口小，头部尖且长，具黏液腔；全身覆盖细密的小鳞片；体长最大可达30厘米，在该科中属中等体形。鱚鱼在日本被称为“海中香鱼”，是各种小清新、小美好的象征，由此可见日本人对鱚鱼苗条身材以及鲜美味道的钟爱。

少鳞鱚为小型底栖经济鱼类，主要栖息于沿岸浅海和河口区，喜欢沙底质环境，受到惊吓时立即钻入沙中，“沙丁鱼”和“沙钻”的俗名也就由此而来。少鳞鱚的体形苗条，肉质鲜美，营养丰富，深受人们喜爱，尤其是夏天的少鳞鱚特别好吃，在食用时以酥炸为佳。所以，它们是一种极受欢迎的食用鱼，同时也是近岸渔业捕捞对象和游钓鱼种之一。

虽然研究表明中国沿海少鳞鱚群体遗传多样性较高，其对环境的适应能力较强，但是近年来由于过度捕捞和环境变化等原因，少鳞鱚资源量正呈逐渐减少的趋势。为了保护和恢复这一重要的渔业资源，避免过度捕捞造成种质衰退，国内外学者围绕其形态特征、生理生态、繁殖特征及遗传结构等方面开展了一系列研究，为渔业资源的可持续发展积累了许多珍贵的数据资料。

拉丁学名：*Sillago japonica* Temminck & Schlegel，1843。

英 文 名：Japanese sillago。

俗　　名：沙丁鱼、沙钻、沙肠仔、青沙。

分　　布：主要分布于日本、韩国和中国海域，我国黄海、渤海、东海、南海海域均有产。

保护级别：无危（LC）。

『海中力士』黄条鰤

黄条鰤生鱼片蘸上芥末和酱油，入口清冷生鲜，有弹性而无腥味。这种鱼目前在国内的一些海洋馆中也有饲养，展馆一般会选择个体较小、体长为 30~40 厘米的个体进行展示。成群结队的黄条鰤在观赏缸中游来游去，像随风飘起的帆布，翩翩起舞。

黄条鰤，隶属于硬骨鱼纲鲈形目鲹科鰤属。它们的身体呈纺锤形，头部略钝；体侧有一条沿鳃骨直抵尾柄的黄色纵带，故得名“黄条鰤”，又因性情暴烈且有如犍牛般蛮力而俗称“黄犍牛”。活着的黄条鰤体色鲜艳，尾鳍呈黄色，脊背多呈青蓝色，腹部则为白色。它们的体长一般为 60~80 厘米，最大者近两米，平均体重为 50 千克。

黄条鰤为暖温性中上层掠食性鱼类，主要以鳀鱼、玉筋鱼等小型鱼类及头足类和甲壳类为食。它们游泳的速度很快，最大速度可以超过 100 千米 / 小时，如发射的鱼雷般急速前行，堪称海中的游泳健将。它们的生长速度也非常快，1 鱼龄体长可达 45 厘米，2 鱼龄体长就能达到 60 厘米。黄条鰤的肉质细腻，口感极佳，营养丰富，可生食，也可以炖、烤制成各种特色菜肴，属于高档食用鱼类。但是，令人遗憾的是当前国际上黄条鰤大规模人工繁育技术仍未取得突破性进展，这种高营养的鱼类走进寻常百姓家仍需要很长的一段时间。

拉丁学名：*Seriola lalandi* Valenciennes，1833。

英文名：Yellowtail amberjack。

俗名：黄犍牛、黄鲣子、黄尾鰤等。

分布：主要分布于南半球热带和温带海域，北太平洋海域也有分布；我国主要产于黄海和渤海。

保护级别：无危（LC）。

『海中猛兽』珍鲹

BBC 的纪录片《蓝色星球》中有一个令人惊诧的镜头：一条大鱼将停在水面上的燕鸥一口吞没，而后水中仅剩下几根孤零零的羽毛。“这里有一种鱼儿，聪明到可以计算鸟的飞行速度、高度和轨迹”，镜头里的主角便是珍鲹了！

珍鲹，隶属于硬骨鱼纲鲈形目鲹科鲹属。它们的身体呈卵圆形，侧扁而高；头背部极度弯曲，腹部呈直线，侧线前部弯曲，于第二背鳍位置下方后直行；体背呈蓝绿色，腹部为银白色，各鳍呈淡黄色。

珍鲹是一种近海大型洄游性鱼类，有报道称有人发现成鱼会在几周内聚集成群，在鱼王的带领下顺河而上深入内陆，到达目的地后成群绕圈游动，在那里产卵繁殖。珍鲹是肉食性鱼类，主要以甲壳类和小型鱼类为食，成鱼多单独栖息于水质清澈的潟湖或向海的礁区。成年珍鲹的体长可达 170 厘米甚至更长，体重也可达 80 千克以上，是海洋中最具威力的鱼类之一。珍鲹是钓鱼爱好者非常喜欢的钓种之一。海钓时遇到大个头的珍鲹，也难免上演“人鱼搏战”，“浪人鲹”之别名也算是实至名归。成功钓得这样一条大家伙也是技艺与力量的体现。但是，珍鲹的肉质粗硬，并不是十分美味，且具有较大的鱼腥味。海钓者一般会把它们放掉。

国内海洋馆早期就展示过珍鲹，这种鱼达到一定数量之后就会聚集转圈游动，极具观赏价值；但是珍鲹吃食凶猛且生长速度极快，展示池中一旦饲养了这种鱼，基本上无法再引进其他体长小于 30 厘米的鱼，因为珍鲹会攻击并吃掉新引进的鱼。

拉丁学名：*Caranx ignobilis*（Forsskål，1775）。

英　文　名：Giant trevally。

俗　　名：白面弄鱼、浪人鲹、牛港瓜仔、流氓瓜仔等。

分　　布：分布于印度洋和太平洋海域，我国常见于南海、台湾海峡等海域。

保护级别：无危（LC）。

『变色鬼头』鲯鳅

在鬼头刀的捕捞季节，台湾宜兰市的众多鱼市上都有这种鱼售卖，游客购买以后可以直接在市场边的餐厅里烹煮，类似于海南三亚海鲜市场的做法。国内曾有海洋馆饲养、展示过鬼头刀，但是由于展示池的水较深，且鬼头刀多数时候在水池表层游动，观赏效果并不是很好。

这种鱼的脸立陡如鬼头，因而得名“鬼头刀”，其学名为鲯鳅，隶属于硬骨鱼纲鲈形目鲯鳅科鲯鳅属。它们的身体延长、侧扁，逐渐向尾部变细；头大，额部有一骨质隆起并随年龄增长而逐渐增高，故成鱼的吻部钝直，在雄鱼中更为明显。鬼头刀的生长十分迅速，一般四五个月就能完全达到性成熟，体长20厘米左右就能交配产卵，最大者可达两米左右，体重可达30千克。

鬼头刀最引人注目的是它们那一身格外鲜艳的体色，美国作家海明威曾在《老人与海》中毫不吝惜对它们的赞美。雄鱼全身覆盖着细小的圆鳞，背部呈具有荧光质感的绿褐色，腹部为淡黄色，体侧散布有许多青紫色小斑；雌鱼多为鲜亮的青蓝色，伴有深浅不一的条纹，色彩浓烈，却又无比通透。然而这种令人惊艳的体色只出现在海水中，当它们离水死去时，绚烂的色彩就会褪去，只留下一身灰白。科学家们发现这种现象源于鬼头刀能够反射光线的鱼鳞，这些密布交织的鳞片受神经系统控制，鬼头刀能根据机体的兴奋程度进行调节，捕捉和反射来自不同角度的光线，呈现彩虹般的光芒。而当它们死后，这些鳞片就不再受控制，于是露出原本的银灰体色。

拉丁学名：*Coryphaena hippurus* Linnaeus，1758。

英文名：Common dolphinfish，Mahi-mahi。

俗名：鬼头刀、斧头鱼、阴凉鱼、水下狐狸、飞乌虎等。

分布：广泛分布于热带和亚热带海域，

我国南海、东海、黄海、渤海、台湾海峡等海域都可见。

保护级别：无危（LC）。

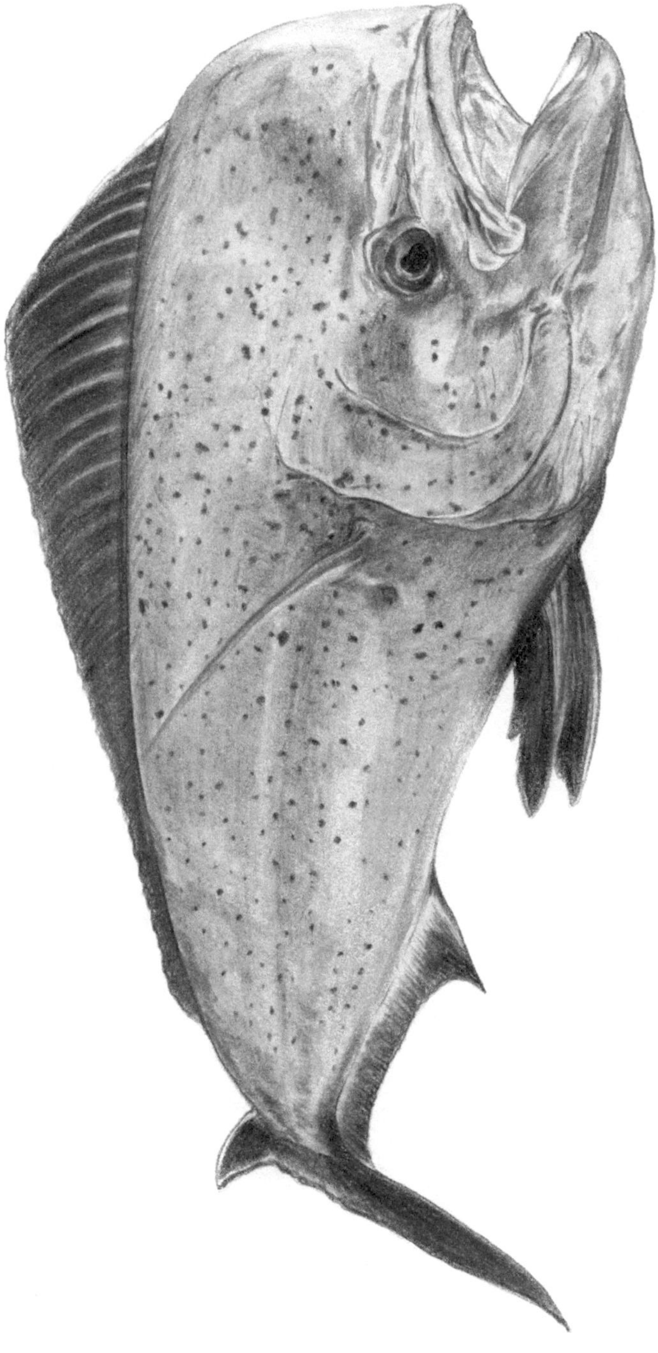

『黑斑胎记』勒氏笛鲷

海洋馆中的一种常见的展示鱼类就是火点。成群的火点游动起来就像一条随风起舞的彩带，引来无数游客驻足观看。不过，这种鱼体表大多长有寄生虫，加上运输时的应激反应，必须给予足够的隔离和检疫才能被引进展示池中。

火点，学名为勒氏笛鲷，隶属于硬骨鱼纲鲈形目笛鲷科笛鲷属。它们的身体呈长椭圆形，背缘呈弧状弯曲；体侧为褐色或者红褐色，腹部呈粉红色至白色且带有银光，腹鳍和臀鳍则为黄色；其最明显的特征是体背上有一个位于侧线上方的、形似胎记的大黑斑，这个黑斑会随着年龄的增长不断变大。勒氏笛鲷幼鱼体侧会出现三条褐色纵带，而成鱼身上的纵带会逐渐消失。

勒氏笛鲷成鱼主要栖息在外礁水域，但在沿岸礁区也可发现其踪迹；幼鱼偶尔会出现在红树林、河口和河川下游等水域中。勒氏笛鲷属底栖肉食性鱼类，主要以鱼类和甲壳类为食。它们的肉质细嫩，生长速度快，且无腥味，加上其兼具广温及广盐等优势，近年来深受养殖户喜欢，是继赤鳍笛鲷之后的另一个强势养殖经济鱼种，5 厘米长的鱼苗饲养一年左右便可达 500 克以上，最大的成鱼可达 5 千克以上。这种鱼红烧、煎食皆宜，十分美味。

拉丁学名：*Lutjanus russellii*（Bleeker，1849）。

英 文 名：Russell's snapper。

俗　　名：黑星笛鲷、火点、全鳞。

分　　布：分布于印度洋至西太平洋海域，我国南海和东海海域均有分布。

保护级别：无危（LC）。

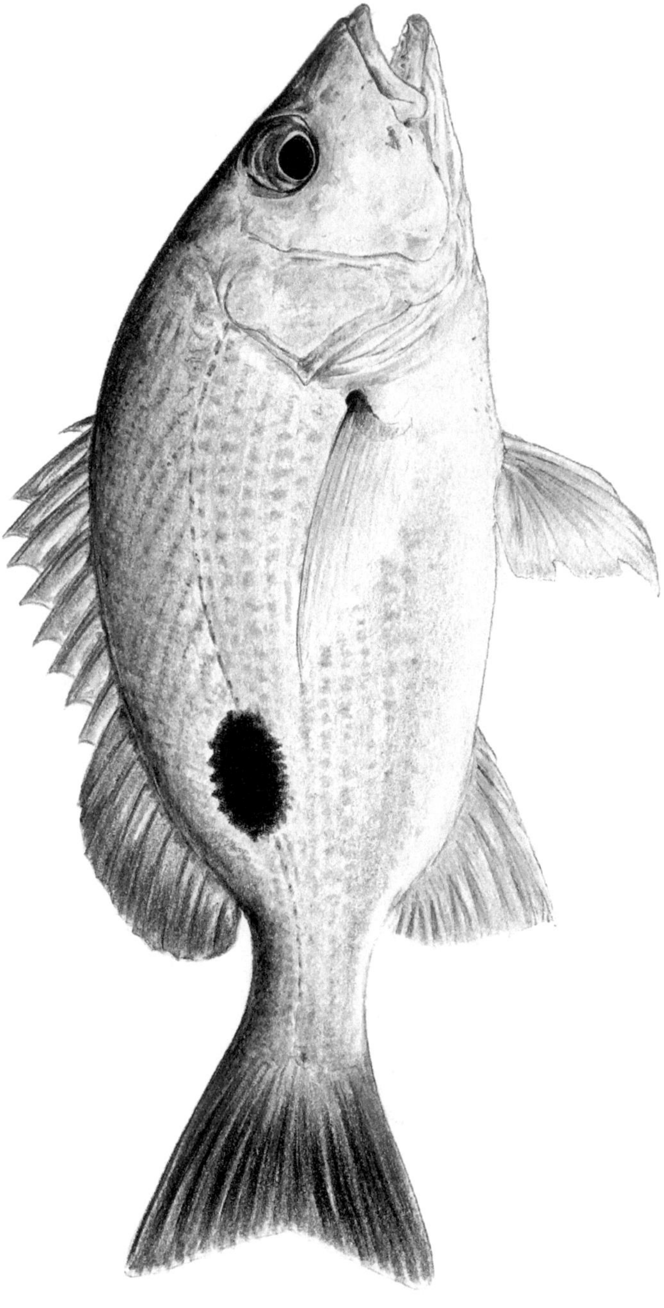

『雌雄转换』黑鲷

黑鲷是一种重要的食用鱼类，煎、蒸、红烧均能体现其肉质的鲜美。由于它们的体色整体上偏黑，海洋馆较少饲养、展示这种鱼。

黑鲷，隶属于硬骨鱼纲鲈形目鲷科棘鲷属。它们的身体呈长椭圆形、侧扁，侧线起点处有一个黑斑；体背部呈灰黑色，腹部为银白色，并略带光泽；除胸鳍外，其余各鳍边缘均为黑色；吻尖、口小，上、下颌牙齿排列紧密，十分锋利；一般体长为10~30厘米，最大个体长45厘米，体重超过3千克；它们的背鳍和臀鳍第二鳍棘非常坚硬，抓获时要十分小心，以免被刺伤。

黑鲷喜欢栖息在泥沙和多岩礁底质水层，一般不进行远距离洄游，生殖季节游向近岸水域，产卵后就近索饵；秋季会随水温下降逐渐向深水处移动越冬。黑鲷的嗅觉敏锐，极其贪食，主要以小型鱼虾及底栖贝类为食，尤其嗜爱动物的腐烂尸体。

同鲷科的许多经济种类一样，黑鲷也具有性逆转的生殖习性，其性别因年龄略有差异。一般而言，体长在10厘米左右的幼鱼全为雄性，15~25厘米时为典型的雌雄同体阶段，25~30厘米时性分化结束，大部分转化为雌性。黑鲷为年周期一次性成熟多批产卵型鱼类，大个体怀卵量超过50万粒，小个体约为15万粒。黑鲷因生长快、抗病力强、适盐性和适温性广、肉味鲜美、营养价值高等优点，成为我国重要的海水养殖经济鱼类，深受广大养殖户和消费者喜爱。

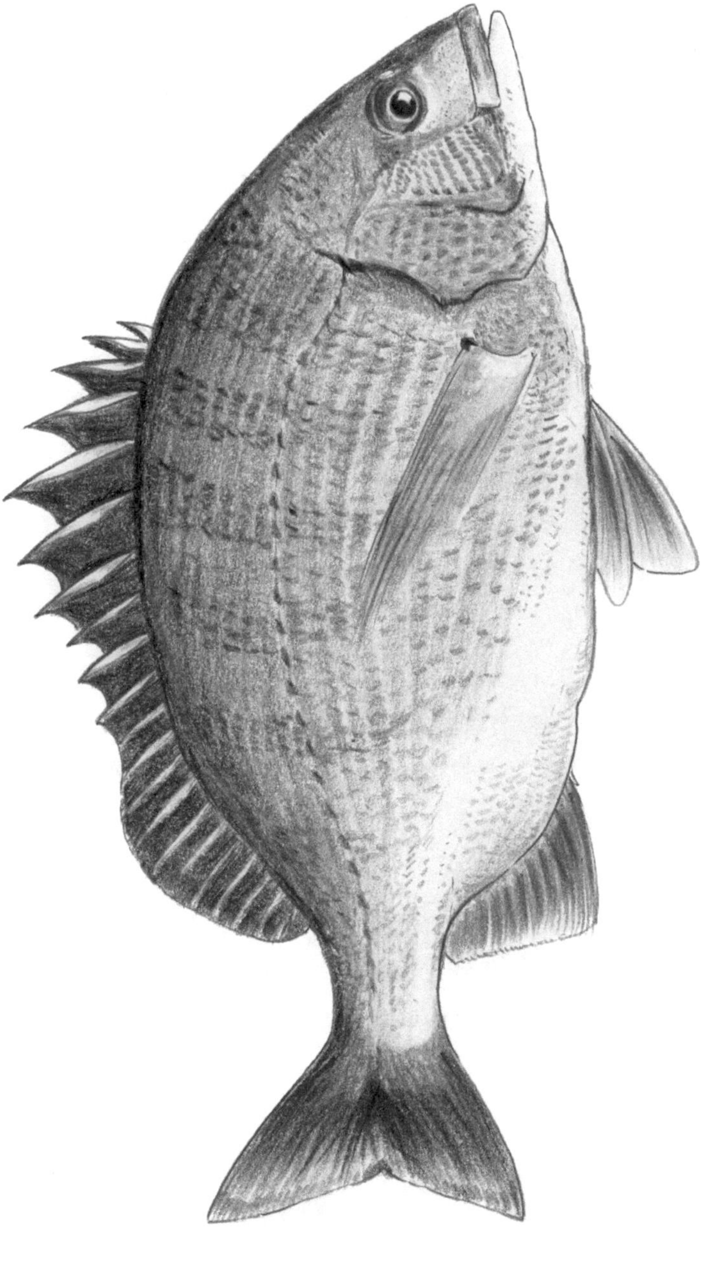

拉丁学名：*Acanthopagrus schlegelii*（Bleeker，1854）。

英 文 名：Blackhead seabream。

俗　　名：黑加吉、黑棘鲷、乌颊鱼、黑立、海鲋、黑格等。

分　　布：主要分布于太平洋西部沿海，我国沿海均有产，其中黄海、渤海的产量较大，主要渔场位于山东沿海。

保护级别：未予评估（NE）。

『用肛呼吸』仿刺参

人类用嘴巴或鼻子呼吸，而有一种肉乎乎的海洋棘皮动物用肛门来呼吸。它们的消化道首尾相连，迂回曲折，其末端靠近肛门膨大的地方为排泄腔，由此向内突起，形成一对分支的树状结构，称为“呼吸树”。它们通过排泄腔与呼吸树的收缩和扩张，使海水源源不断地从肛门进入呼吸树的管壁处进行气体交换，完成呼吸作用。

这种肉乎乎的低等海洋生物的学名为仿刺参，隶属于棘皮动物门海参纲楯手目刺参科仿刺参属。它们的身体呈圆筒状，背面隆起，疣足发达，上有4~6行大小不等、排列不规则的圆锥形疣足（肉刺）；体壁厚而柔软，腹面平坦，管足密集，排列成不很规则的三条纵带；口偏于腹面，具有20个触手；个体大，长达20~40厘米，最大的可达1米。

仿刺参喜欢昼伏夜出，偏爱水流缓慢、海藻丰富的细沙或礁岩海底，但不喜欢有淡水注入的环境。仿刺参的腹部长满了管足，能附着在礁石上而不被水流冲走。它们依靠肌肉的收缩和管足的协同，在富含碎屑的泥沙沉积物中缓慢移动。大群的仿刺参过境时，那阵仗就像一支海洋角马大军，它们贪婪地翻食着泥沙中的食物。

仿刺参的再生能力极强，因遭受攻击而损伤或失去部分身体后能再生。环境不适时，它们可以排除脏物，保护自身健康成长。夏季水温偏高时，它们会通过夏眠方式来减少能量的消耗，保持体力。每年7~9月为仿刺参的夏眠时段。

别因为仿刺参的名字中多了一个“仿”字就觉得它们是冒牌货，其实它们几乎是市面上最主流的食用海参了！它们的体壁韧厚而软糯，品质上乘，被誉为“参中之冠”。以前寻常百姓家想吃仿刺参并非易事。

仿刺参离开海水后在几个小时内会缓慢发生化皮现象（也就是“自

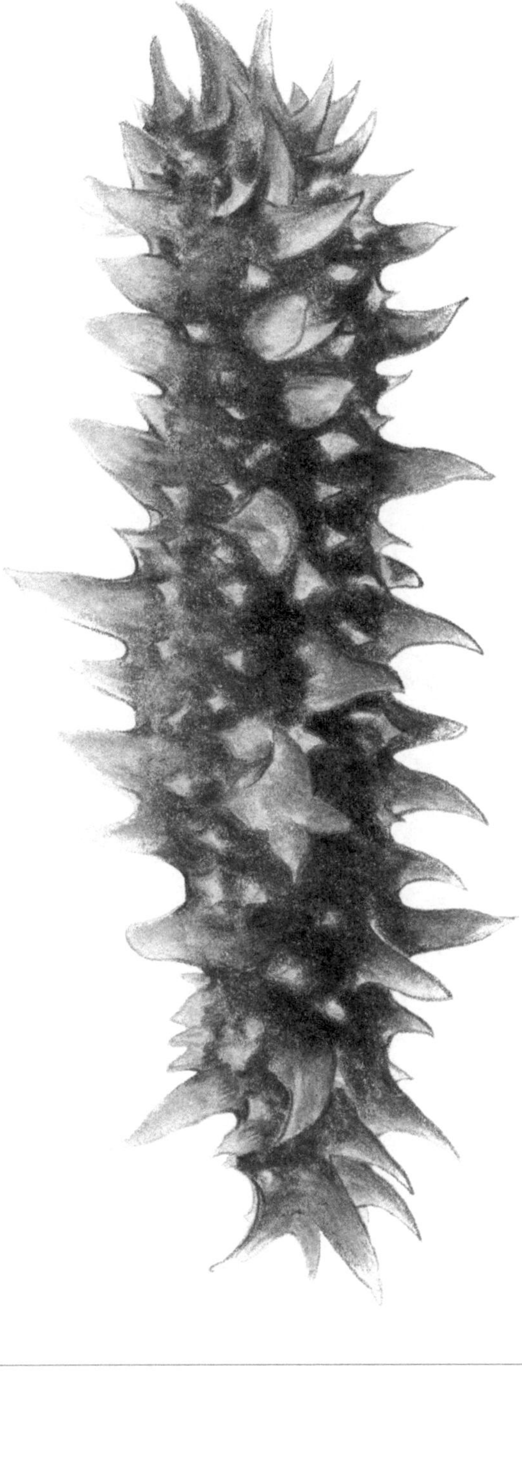

拉丁学名：*Apostichopus japonicus*（Selenka，1867）。

英 文 名：Japanese sea cucumber。

俗　　名：刺参、日本刺参、灰刺参、灰参、海鼠等。

分　　布：主要分布于北太平洋海域，我国主要分布于大连、北戴河、青岛、胶东半岛南部、日照以及连云港等海域。

保护级别：濒危（EN）。

溶”）。往往等人们发觉时，它们已变成一摊胶水了。这是因为仿刺参体内的自溶酶在起作用。离水后温度升高或者遇到油脂时，仿刺参体内的自溶酶就会活化，启动极端的应激反应，溶解掉大部分体壁。

寄语：

海洋是生命的摇篮，我们对海洋有着太多的未知。希望我们每一个人都能怀着一颗敬畏之心去了解海洋、探索海洋。

——刘昕明，博士、工程师，广西中医药大学海洋药物研究院

『喜宴之王』真鲷

虽然真鲷体表淡红的色泽具有较高的观赏价值，但其饲养水温比其他热带鱼要低一些，因此较难将真鲷跟它们混养。海洋馆饲养真鲷时需要单独配置一套温控系统，成本较高，因而海洋馆较少展示这种鱼类。与黑鲷相似，真鲷的烹煮方式宜采用蒸、煎和红烧。

真鲷，隶属于硬骨鱼纲鲈形目鲷科真鲷属，其身体侧扁，呈长椭圆形，体长一般为15~30厘米，体重不超过1千克；它们全身呈淡红色，背部散布有若干蓝绿色斑点，游泳时闪现蓝光，色泽十分优美。真鲷为近海暖水性底层鱼类，喜欢栖息于水质清澈、藻类丛生的岩礁海区，结群性强，游泳速度快。它们主要以底栖甲壳类、软体动物、棘皮动物、小鱼及虾蟹类为食。

真鲷在我国沿海以台湾海峡中部为界可区分为差异较大的南北两个种群，二者的繁殖季节相差近半年。北方黄海和渤海水域的真鲷生殖期为5~7月，盛期在5月下旬；福建沿海的真鲷生殖期在10月下旬至12月下旬，盛期在11月。真鲷性腺发育的特点是分批成熟，多次产卵。

真鲷是我国黄海和渤海海域重要的经济鱼类，在当地有着悠久的食用历史，尤以山东蓬莱为盛。在民间，真鲷是制作喜庆宴席的首选之鱼，有增加吉利的寓意。此外，蓬莱传统名吃“蓬莱小面”开卤用的主料即为真鲷。真鲷的头特别鲜美，眼睛尤佳，有“加吉鱼头鲅鱼尾”的美誉，并有“一鱼两吃”的习惯。整鱼上席后，先食鱼肉，席间再取出鱼头制成鲜、酸、辣俱全的醒酒汤，既解馋又醒酒，一举两得。

拉丁学名：*Pagrus major*（Temminck & Schlegel，1843）。

英文名：Red seabream。

俗名：红加吉、赤鲫、红鲷、小红鳞、加腊、赤板等。

分布：主要分布于太平洋中部、夏威夷群岛以及中国沿海等。

保护级别：无危（LC）。

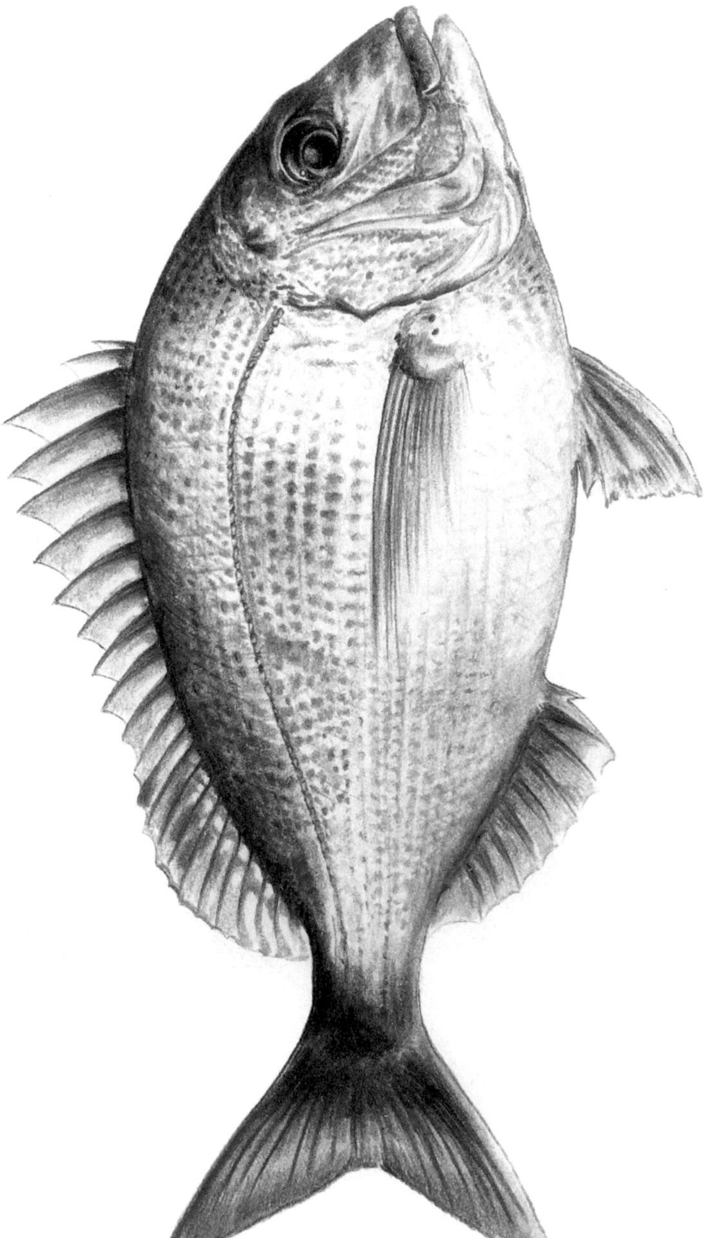

『淡海游船』细鳞鯻

海南的海水观赏鱼供应商把细鳞鯻称为丁公。这种鱼并不成群，但由于其广盐和广温性，以及体表的黑色纵条纹具有一定的观赏价值，国内很多海洋馆都喜欢饲养、展示细鳞鯻。

细鳞鯻，隶属于硬骨鱼纲鲈形目鯻科鯻属，其体高而侧扁，呈长椭圆形；体背呈黄褐色，腹部为银白色，背鳍硬棘部和软条部都有 1~2 个黑斑；尾鳍上下叶有斜向分布的黑色条纹，各鳍条的颜色为灰白色至淡黄色；其最显著的特征是体侧有 3 条纵向条带，最下面的一条由头部经尾柄侧面中央达尾鳍后缘中央。细鳞鯻的鳃盖骨上有两个硬棘，如果用抄网捕捞这种鱼，它们就会张开鳃盖，使得鳃盖上的硬棘扎穿抄网，导致鱼被卡在抄网内。

细鳞鯻为广盐性洄游鱼类，主要栖息于沿海、河流入海区及河口区具有沙泥底质的较浅水域。亲鱼于海洋中产卵，稚鱼洄游进入淡水水域。进入河口后，稚鱼会形成松散的鱼群。细鳞鯻主要以小型鱼类、甲壳类及其他底栖无脊椎动物为食。它们既可供观赏，也可食用，清蒸口感尤佳，是一种营养价值较高、海鲜味较浓郁的优质鱼类。

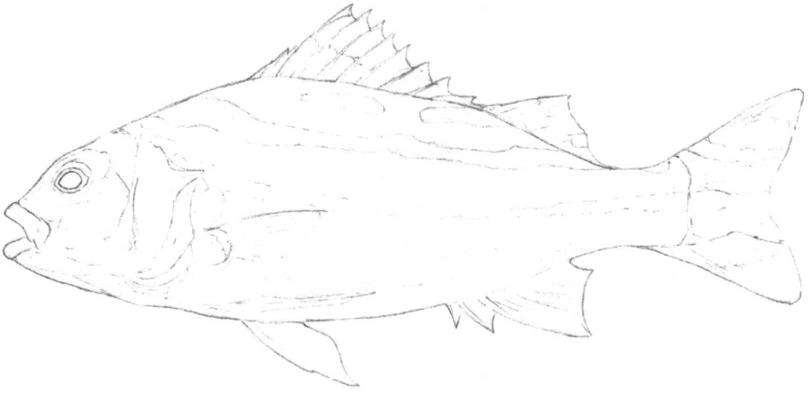

拉丁学名：*Terapon jarbua*（Forsskål，1775）。

英 文 名：Targetfish，Thornfish。

俗　　名：丁公、茂公、花身仔、斑梧、海黄蜂、斑猪等。

分　　布：广泛分布于印度洋和西太平洋海域，我国产于东海、南海及台湾海峡。

保护级别：无危（LC）。

『清洁模范』金钱鱼

金钱鱼，隶属于硬骨鱼纲鲈形目金钱鱼科金钱鱼属。它们的身体扁平，呈圆盘形，体长为20~30厘米；腹部为银白色，全身满布黑色圆斑，像是一枚枚钱币，因而得名。当然，它们的体色也会根据环境的变化而改变，时深时浅，非常漂亮。它们的背鳍很长，前10根鳍条有毒腺，人或其他动物被刺中的部位会红肿且疼痛难忍；背鳍后部像帆一样陡直地凸起；臀鳍又短又高，与背鳍后部的鳍的形状相似；尾鳍不分叉，几乎呈三角形。

金钱鱼属广盐性鱼类，在淡水和咸水中都能存活。它们为杂食性鱼类，主要以藻类及小型底栖无脊椎动物为食。它们的嘴小，消化量大，因此能够经常看到它们不停地啃食网箱上附着的藻类。它们因为能将网箱清扫得干干净净而深受渔民欢迎，被誉为“免费清洁工”。金钱鱼可与绿河豚混养，它们是观赏市场上流行的“黄金搭档”。海洋馆则习惯上把金钱鱼和射水鱼混养在一起作为沼泽河口的代表鱼种。

金钱鱼的肉质鲜美，营养丰富，深受广大消费者喜爱。近年来，随着金钱鱼规模化全人工繁育技术获得突破，渔民不再单纯地受限于天然捕捞和进口鱼苗。目前，金钱鱼苗已经完全实现量产，正成为中国南方沿海备受欢迎的养殖品种之一。

拉丁学名：*Scatophagus argus*（Linnaeus，1766）。

英 文 名：Spotted scat。

俗　　名：金鼓鱼、变身苦。

分　　布：分布于印度洋和太平洋热带海域，我国多见于南海和东海海域，尤以广东沿海分布较多。

保护级别：无危（LC）。

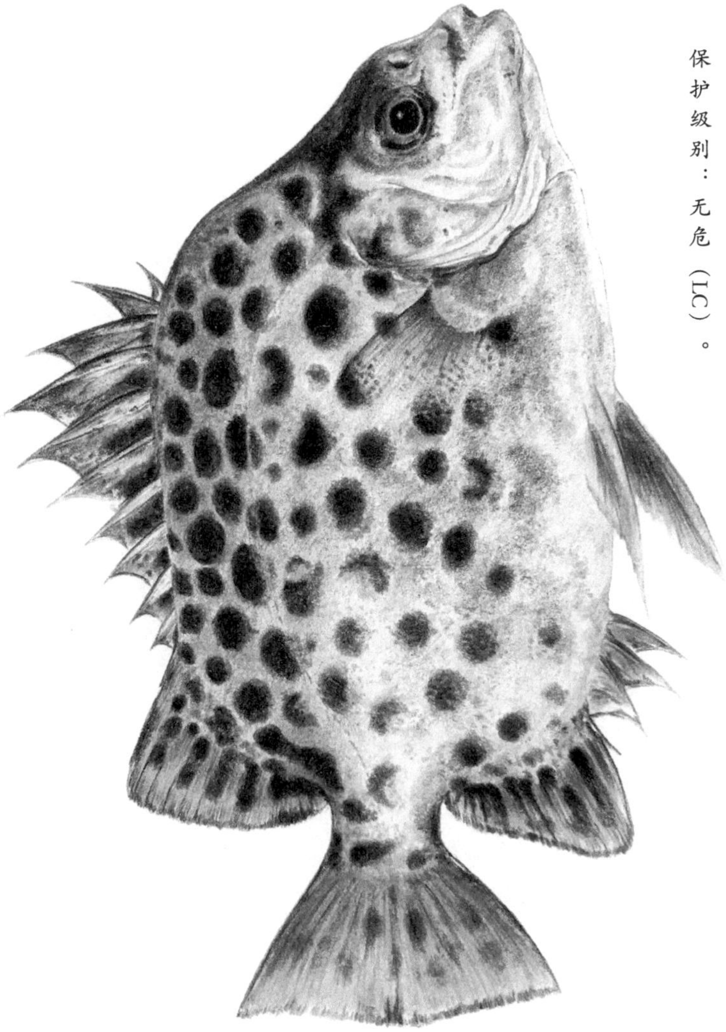

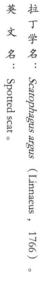

『海中蝴蝶』丝蝴蝶鱼

丝蝴蝶鱼，隶属于硬骨鱼纲鲈形目蝴蝶鱼科蝴蝶鱼属。它们的身体扁平细瘦，吻部较尖，眼部有黑色眼罩状条带；身体前三分之二呈白色，后三分之一则为黄色；各鳍呈金黄色，比体色略深；背鳍鳍条中央有一个黑色斑点，成鱼在斑点上方有一延长成丝状的鳍条，幼鱼则无。丝蝴蝶鱼最明显的特征是体前侧有 5 条自背鳍延伸向头部的暗色斜线，下方有 10 条伸向身体后方的斜线，体表纹路如“人”字一样，故俗称“人字蝶”；因其成鱼巡游海面时背鳍常露出水面，故又名“扬幡蝴蝶鱼”。

丝蝴蝶鱼一般栖息于北纬 30 度至南纬 20 度之间的热带和亚热带海域，通常生活在水深 1~35 米的碎石区、藻丛和珊瑚礁区域，觅食珊瑚虫、海葵及其他有机碎屑等。跟其他海水鱼一样，丝蝴蝶鱼的体色也会因地域不同而发生变化，如红海的丝蝴蝶鱼背部几乎没有黑色眼点。别小看这个黑色眼点，它的作用可大着呢！大型海洋鱼类在吞食小鱼的时候，为了防止被小鱼的鳃卡住喉咙，在很多情况下会选择从头部下嘴，而丝蝴蝶鱼背鳍上的这只假眼则可以迷惑捕食者分不出哪是头哪是尾，这对于没有其他御敌手段的丝蝴蝶鱼来说非常重要。在生物学上，我们称其为保护色。丝蝴蝶鱼具有观赏价值，无食用价值。

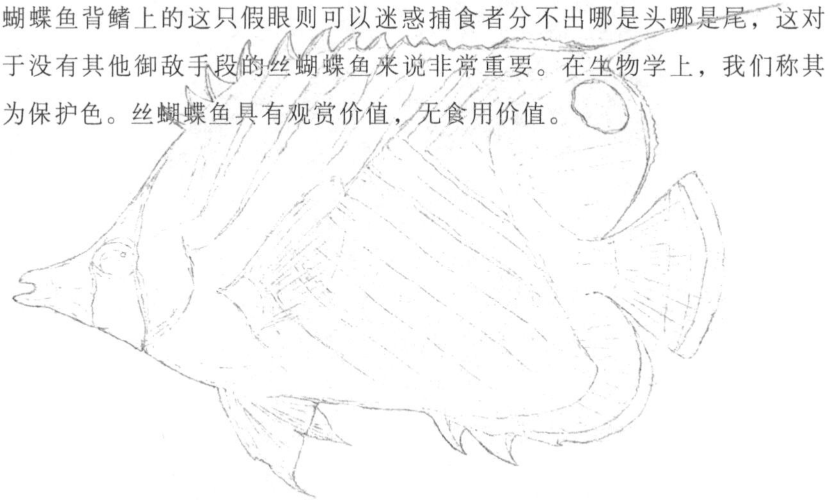

拉丁学名：*Chaetodon auriga* Forsskål，1775。

英 文 名：Threadfin butterflyfish。

俗　　名：人字蝶。

分　　布：广泛分布于印度洋和西太平洋中部至澳大利亚西部海域，我国常见于南海海域。

保护级别：无危（LC）。

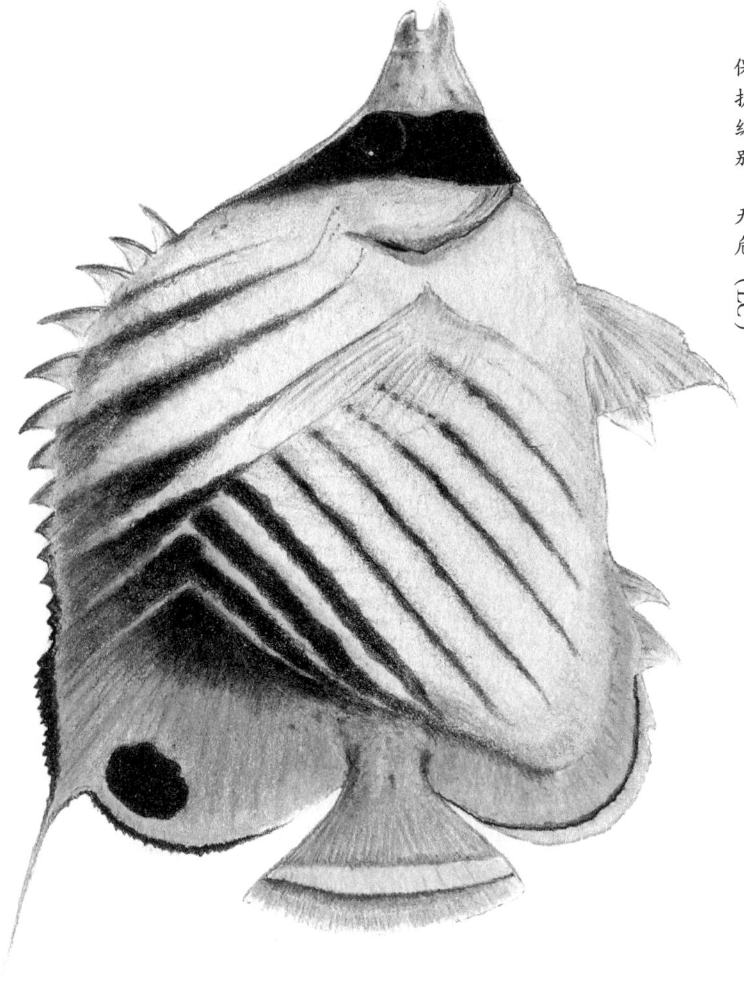

『一夫多妻』主刺盖鱼

主刺盖鱼，又名条纹盖刺鱼或条纹棘蝶鱼，隶属于硬骨鱼纲鲈形目刺盖鱼科刺盖鱼属。主刺盖鱼不同生长阶段的体色差异明显，幼鱼一般为深蓝色，具有若干白色弧状条纹，并与尾柄前的白环形成同心圆（随着成长，白色弧状条纹逐渐增多）；亚成鱼体逐渐偏黄褐色，弧纹亦逐渐变成黄纵纹；成鱼体色与幼鱼的差异较大，身体上分布有蓝色与黄色相间的纵条纹，嘴部呈乳白色，两眼间有一条黑色环带，胸鳍基部上方有一个大黑斑，臀鳍上有蓝色花纹。

主刺盖鱼的幼鱼多生活在岩礁、外环礁等半受保护的水域，亚成鱼移动至礁石洞前以及波涛汹涌的水道区域，而成鱼则栖息于珊瑚茂盛的清澈潟湖、岩礁以及洞穴中。在主刺盖鱼的领地内，若有来犯者，成鱼会发出“咯咯”的声音以吓退来者，并且具有攻击同类以及其他鱼类的特点。它们常常单独行动或者成对活动，由于其交配系统为一夫多妻制，因此在繁殖期会有一雄多雌的鱼群出现。

主刺盖鱼的体色鲜艳，具有很高的观赏价值，但不具有食用价值。在挑选饲养时，健康的主刺盖鱼成体通常具有鲜亮的白色面部，通身发出丝绒般的光泽，会在水族箱内游来游去搜寻食物；而不健康的个体体色暗淡，眼睛没有光泽，出现呆滞或者怕人的情况。主刺盖鱼为杂食性鱼类，主要以海绵和藻类为食，也摄取一些小型无脊椎动物。

拉丁学名：*Pomacanthus imperator*（Bloch，1787）。

英 文 名：Emperor angelfish。

俗　　名：皇后神仙、大花面、蓝圈。

分　　布：分布于印度洋和太平洋热带至温带海域，自东非到太平洋中东部都有其踪迹；我国东海、台湾沿海以及南海海域均有分布。

保护级别：无危（LC）。

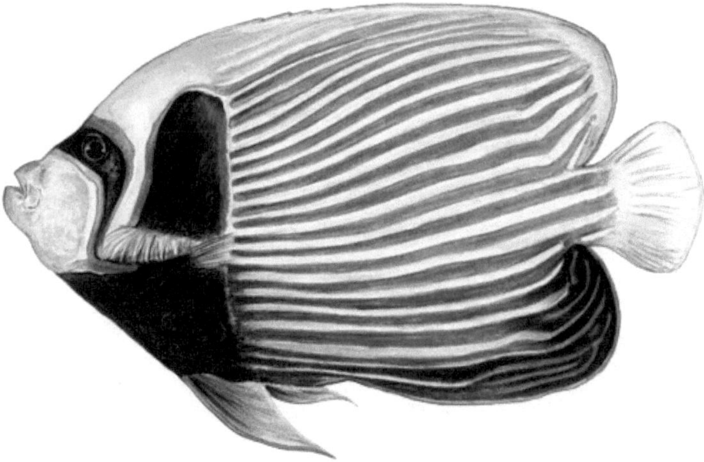

『餐桌常客』日本花鲈

青岛夏天街上的空气中除了一丝丝淡淡的海水味道之外，则满是海鲜烧烤的油烟味和诱人的冰镇啤酒味。七星鲈此时也出现在餐馆的菜单上，但价格不菲。

七星鲈，学名为日本花鲈，隶属于硬骨鱼纲鲈形目花鲈科花鲈属。它们的身体修长、侧扁，呈青灰色，两侧及腹部为银白色；嘴大而尖，口内有细密的牙齿；背部稍稍隆起，体侧上部及背鳍上有黑色斑点，斑点数量随年龄的增长而减少；体长可达 102 厘米，一般重 1.5~2.5 千克，最大个体可达 15 千克以上。

七星鲈为广盐性鱼类，在淡水、半咸水以及海水中均可存活。它们喜欢栖息在河口咸淡水水域，也常常溯入淡水或降到海洋中。稚鱼溯河上游觅食成长，成年后进入海里繁殖。七星鲈富含蛋白质、脂肪、碳水化合物等营养成分，同时含有多种维生素和磷、铁等矿物质，能补肝肾、健脾胃、化痰止咳，对肝肾虚弱的人有很好的补益作用；还可以治胎动不安、产后少乳等症。七星鲈的烹饪方式以清蒸、红烧、香烤为主，营养与口感兼备，老少咸宜，深受消费者喜爱，是我国东部沿海重要的食用鱼。

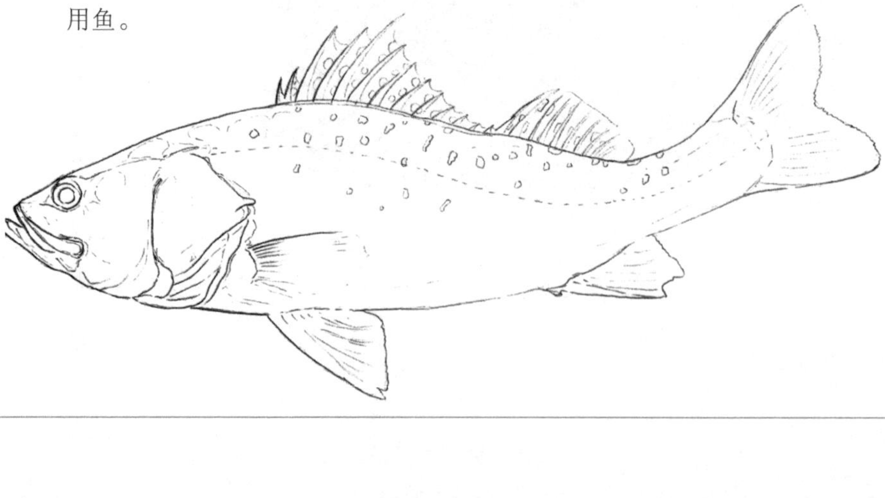

拉丁学名：*Lateolabrax japonicus9*（Cuvier，1828）。

英 文 名：Japanese seabass。

俗　　名：鲈鱼、海鲈、七星鲈、鲁鱼等。

分　　布：主要分布于太平洋西部，我国沿海及通海的淡水水体中均产，东海舟山群岛和黄海胶东半岛海域的产量较大。

保护级别：未予评估（NE）。

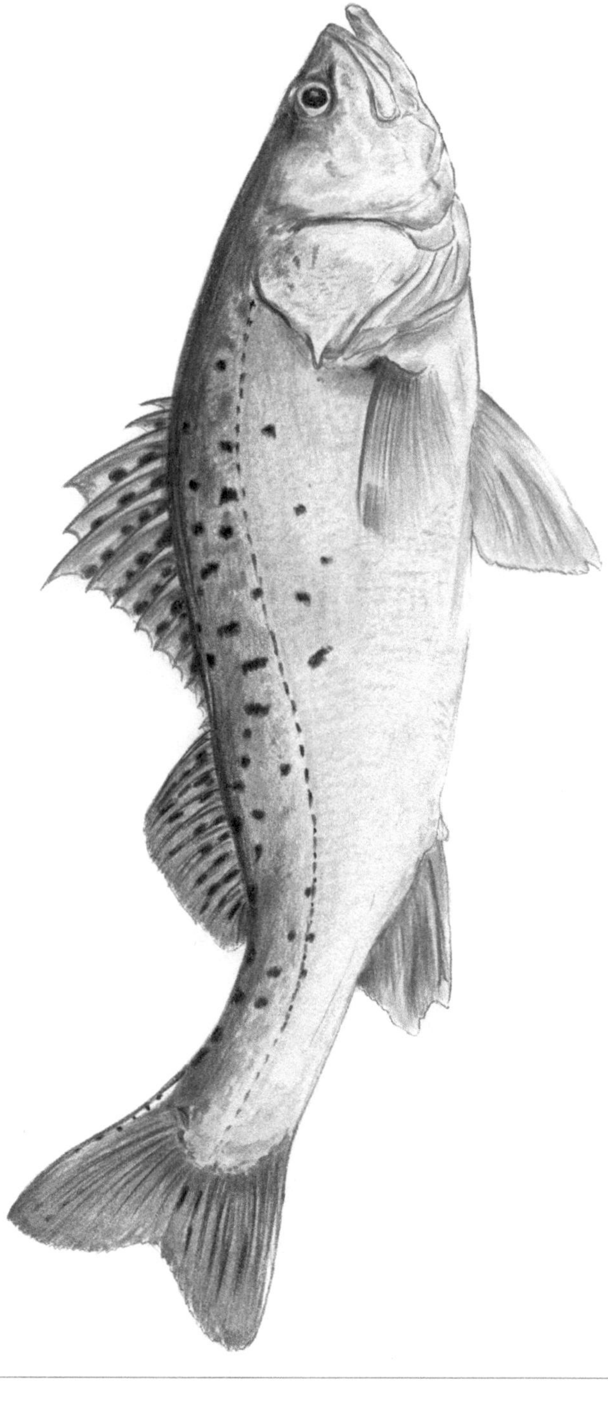

『黑色胡椒』花尾胡椒鲷

花尾胡椒鲷，隶属于硬骨鱼纲鲈形目石鲈科胡椒鲷属。它们的身体近圆形、侧扁；从头部起，体背显著隆起，背面狭窄，呈锐棱状，腹面平坦；整个鱼体上覆盖着小栉鳞；鱼体上部呈灰褐色，下部颜色较淡，其最显著的特征是背鳍和臀鳍上散布着许多大小不一的黑色圆点，特别是尾鳍上的圆点较密集，状似散落的黑胡椒，故名“花尾胡椒鲷”。

花尾胡椒鲷栖息于水质清澈、藻类丛生的岩礁海区，结群性强，游速快，主要以底栖甲壳类、软体动物、棘皮动物、小鱼及虾蟹类为食。

花尾胡椒鲷的肉质细嫩，味道鲜美，营养丰富，在东南亚、日本及韩国等是一种较为时尚的食用鱼。花尾胡椒鲷的生长速度快，养殖成活率高，受到越来越多的养殖户的青睐。近年来，随着花尾胡椒鲷人工繁殖技术在我国台湾获得突破，其正逐渐发展为我国沿海重要的海水养殖优良品种。

当前，花尾胡椒鲷的养殖方式主要包括网箱养殖和池塘养殖两种。网箱养殖的花尾胡椒鲷平时处于网箱底部，索食时在水面上旋转。因此，网箱养殖时应做好网衣清洗等管理工作，保持网箱内水质的稳定。池塘养殖时，花尾胡椒鲷喜欢栖息在池塘的底层，但投饵时会游至上层水域抢食。它们为底层性鱼类，可和卵形鲳鲹等中层性鱼类混养，以充分利用池塘的空间。目前，国内海洋馆中也有这种鱼展示。

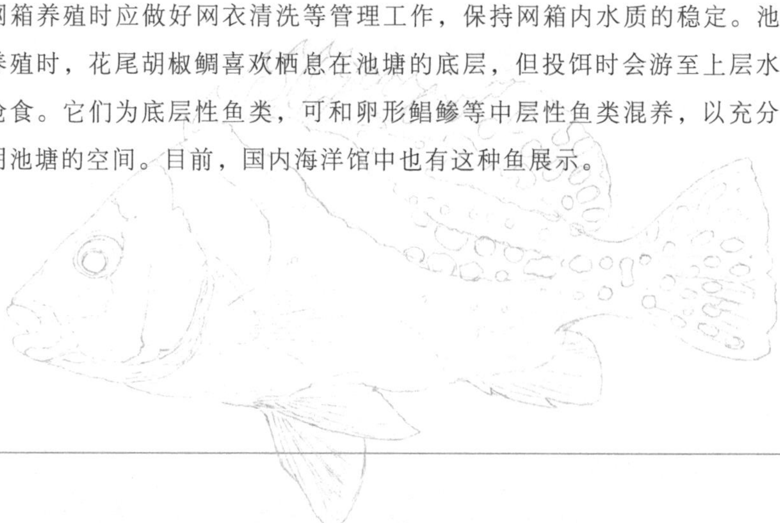

拉丁学名：*Plectorhinchus cinctus*（Temminck & Schlegel，1843）。

英 文 名：Crescent sweetlips。

俗　　名：加吉、打铁婆、假包公、黑脚子、青鲷、青郎等。

分　　布：分布于印度洋和西太平洋海域，我国南海、东海和黄海海域均有分布，其中以南海北部湾分布最多。

保护级别：无危（LC）。

『缸中贵客』细刺鱼

三五成群的细刺鱼具有很好的观赏效果，通常与金钱鱼、射水鱼混养展示。细刺鱼，隶属于硬骨鱼纲鲈形目鮀鱼科细刺鱼属。它们的体色明亮，由明显倾斜的黑色和黄色条纹组成，两侧条纹从吻部一直延伸到背鳍、臀鳍和尾柄；额头上也有黑色条纹，位于眼睛前方；细刺鱼为小型鱼类，体长最大可达 16 厘米左右。

细刺鱼为近海暖温性鱼类，通常三五成群在低潮线以下的浅水岩礁和珊瑚礁附近觅食，很少离岸太远。幼鱼经常出现在潮汐中，而成鱼常常在码头附近闲游。它们的体色艳丽，形似蝴蝶鱼，很多人容易将两者混淆，从而导致细刺鱼长期被列入蝴蝶鱼科。细刺鱼体态端庄，游姿优雅，颇受人们喜爱，非常适合饲养观赏，尤其是岩礁缸。饲养时先用糠虾或丰年虾等活食喂养，然后慢慢地用饲料替代。除观赏外，细刺鱼也可以食用，红烧、煲汤、煎食皆宜。

拉丁学名：*Microcanthus strigatus*（Cuvier，1831）。

英 文 名：Stripey。

俗　　名：条纹蝶、五色鸡。

分　　布：广泛分布于西太平洋海域，我国沿海均有产。

保护级别：无危（LC）。

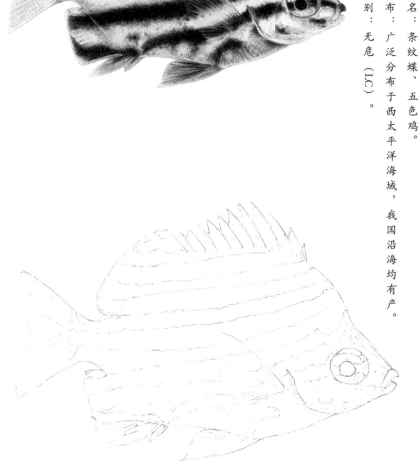

『海中歌手』白姑鱼

白姑鱼，隶属于硬骨鱼纲鲈形目石首鱼科白姑鱼属。它们的身体修长、略扁，背、腹边缘略呈弧形；体侧为灰褐色，腹部呈银白色，胸鳍及尾鳍均呈淡黄色；嘴大，上颌牙齿细小，排列成带状并向后弯曲；下颌牙齿分两行，内侧牙齿较大，呈锥形，排列稀疏；身上覆盖着大而疏松的鳞片；成鱼体长一般在 20 厘米左右，体重为 200~400 克。

白姑鱼主要栖息于水深 40~100 米的沙泥底海域，它们的摄食习性较为稳定，受栖息环境、季节以及体长变化的影响较小，主要以小型鱼类、甲壳类和多毛类等为食。白姑鱼有明显的季节性洄游习惯，春夏时期因生殖集群游向近岸，到比较浅的海域产卵，主要产卵场在水深 40~60 米的海区。有意思的是，白姑鱼在集群排卵时能发出“咕咕”的叫声，并且雌性的叫声比雄性的大。有经验的渔民可以通过水面上传来的叫声判断鱼群的方位和大小。

白姑鱼是重要的海洋经济鱼类，分布于印度洋和太平洋西部，我国沿海的主要渔场有长江口外海、舟山渔场、连云港外海、鸭绿江口一带及渤海的辽东湾、莱州湾等。据报道，我国已知有三个白姑鱼种群：第一个种群为山东半岛南方群，它们在 4~5 月北游到莱州湾、鸭绿江口及海州湾等处产卵，9~10 月南游，11~12 月又返回越冬场；第二个种群为济州岛群，它们在 7 月左右到长江口外与舟山之间产卵；第三个种群在温州外海越冬，4 月北上到舟山与长江口外之间产卵，10 月以后又南返越冬。

拉丁学名：*Pennahia argentata*（Houttuyn，1782）。

英 文 名：Silver croaker。

俗　　名：白米鱼、白姑子、白口鱼、鳂仔鱼、白梅等。

分　　布：分布于印度洋和太平洋西部，我国东海、黄海和渤海海域均有分布。

保护级别：无危（LC）。

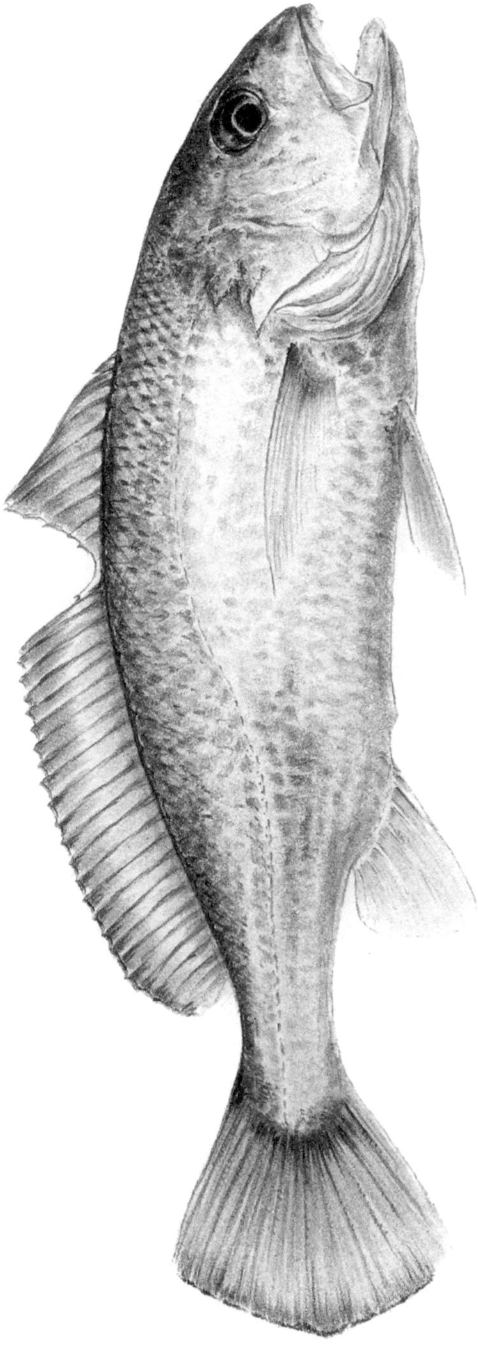

『美味难求』花尾鹰鲻

三刀较为罕见，国内海洋馆未有展示。三刀的学名为花尾鹰鲻，隶属于硬骨鱼纲鲈形目鹰鲻科鹰鲻属。这种鱼背部前方隆起，形似刀状，故俗称“三刀”；口小，唇厚，突出，体侧约有 9 条斜向分布的色带；尾鳍呈叉形，鳍上散布着白色斑点。三刀为中型鱼类，成鱼能长到 40 厘米左右。

三刀常栖息在礁石附近，以一游一停的方式移动，伺机猎取食物；有时也伏于沙泥底上，以胸鳍延长而来的鳍条探寻猎物。它们的猎物多为小虾、小贝和甲壳类。

三刀是公认的台湾海峡最美味的野生鱼，7~9 月肉质最为鲜美。因为三刀只在岩礁附近活动，捕捉极其困难，所以非常罕见。因此，要想吃三刀，一向是有规矩的，不能预订，只能碰运气。当然，价钱也相当高，一两大概要 60 元。烹制三刀最简单的方法是：将鱼杀好（切记不要去掉鱼鳞），底垫葱段，放入蒸炉内清蒸，鱼油经热力蒸腾熔化，油脂为鱼鳞锁困，精华尽在鱼身内，再淋点蒸鱼豉油，美味呼之欲出。鱼背鳍边的部位是最好吃的，油光闪闪，半透明的脂肪闪烁流离，甘腴香韵，在舌尖隐隐细味出一种深沉的厚度，顷刻间荡气回肠。

拉丁学名：*Cheilodactylus zonatus*（Cuvier，1830*）。

英 文 名：Spottedtail morwong。

俗　　名：鹰斑鲷、三刀、咬破布、三康、金花等。

分　　布：主要分布于西太平洋，我国主要产于东海、台湾海峡、南海和黄海海域。

保护级别：未予评估（NE）。

*Fishbase 网站将其命名为 *Goniistius Zonatus*（Cuvier，1830）。

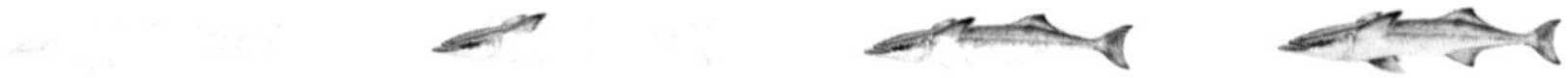

『免费旅行』短鲫

相信很多人在海洋馆里都见过这么一类鱼：它们靠头部的吸盘吸附在游泳能力较强的大型鱼类（如鲨鱼和巨石斑鱼）或者海龟腹面，随着宿主四处游荡；当到达饵料丰富的区域后，它们便脱离宿主，摄取食物；然后再吸附于新的宿主身上，继续向其他地方转移。这就是鲫鱼。

短鲫，隶属于硬骨鱼纲鲈形目鲫科短鲫属。它们的身体细长，呈深蓝色或灰黑色；头部宽而扁平，向后形成圆柱状；吻平扁，前端略尖。最有意思的是，它们的第一背鳍特化成长椭圆形的吸盘，吸盘达到胸鳍后端前，常以吸盘吸附在船底或其他大鱼身上远游和索食。

鲫鱼利用其特化的吸盘吸附在不同的宿主身上，“搭乘”宿主的“顺风车”在海里畅游，因此，称其为“免费的旅行家”一点也不为过。短鲫的宿主变化很大，如大型的鲸、鲨、海龟、翻车鱼，以及小船和潜水员。科学家们发现，鲫鱼的吸盘内平时充满水，一旦贴近寄宿对象，就可以排出里面的水分，达到吸附的效果。

可能有不少人会问：鲫鱼吸附在鲸、鲨等大型宿主身上，难道它们就不怕被吃掉吗？其实，鲫鱼正是利用了大型鱼类不灵活的劣势，趁它们不注意，“死皮赖脸”地贴了上去。关键是宿主们没有灵活的“手”，加上鲨鱼等缺乏团队协作精神，不能互相吃掉彼此身上的鲫鱼，所以它们就只能干瞪眼了。

在大部分海域，短鲫一般在春季和夏季产卵繁殖。受精卵外有一层坚硬的外壳，以免受到伤害。小鱼在刚孵化时就形成了吸盘并开始发育，当它们长到 3 厘米左右时就会吸附在宿主身上了。

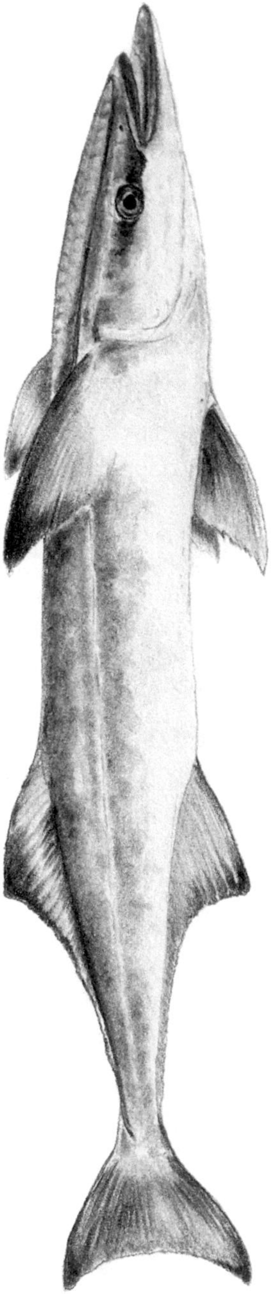

拉丁学名：*Remora remora*（Linnaeus，1758）。

英 文 名：Shark sucker。

俗　　名：短印仔鱼。

分　　布：全世界暖水海域的大洋、近海沿岸均有分布，我国常见于南海诸岛、东海、黄海、渤海海域沿岸。

保护级别：无危（LC）。

『智商爆表』邵氏猪齿鱼

很多人或许听说过鱼类的记忆只有 7 秒，但看过纪录片《蓝色星球 2》的朋友会对这种说法产生疑问，因为影片里有一条鱼比我们想象的要聪明得多，它不光会借助外力撬开活蛤蜊，而且会使用工具捕获猎物！这种鱼便是邵氏猪齿鱼。

邵氏猪齿鱼，隶属于硬骨鱼纲鲈形目隆头鱼科猪齿鱼属。它们的身体呈长卵圆形，为灰绿色，因此在广东的许多沿海地区，渔民称它们为“青衣”；它们的头部背面轮廓圆突，上颌比较短，上、下缘各有 4 颗犬齿。邵氏猪齿鱼的体形较大，最大可长达 1 米，体重超过 15 千克。

邵氏猪齿鱼主要栖息于珊瑚礁和礁湖区，水深为 10~60 米。它们喜欢独自生活，通常在白天出来觅食、活动。它们的主要食物为海胆和甲壳类动物。大家应该记得《蓝色星球 2》中邵氏猪齿鱼捕食的场景：它们用嘴巴咬住海底岩块，把岩块推动或翻滚到一边，找到那些藏在岩块下面的蛤蜊；然后它们会用犬齿咬住蛤蜊，找到一块有凸起的珊瑚礁，然后一次又一次地往上撞击，直到把蛤蜊撞开为止。

看到这里，大家是不是对邵氏猪齿鱼的智商赞叹不已呢？大自然真的是千奇百怪、无奇不有啊！

拉丁学名：*Choerodon schoenleinii*（Valenciennes，1839）。

英 文 名：Blackspot tuskfish。

俗　　名：黑斑猪齿鱼、青衣、邵氏寒鲷、石老。

分　　布：整个南亚及澳大利亚沿海水域均有分布，我国主要分布于南海海域。

保护级别：近危（NT）。

『电影明星』眼斑双锯鱼

《海底总动员》中的主角小丑鱼尼莫和爸爸马林之间的温情故事从电影上映以来打动了无数观众的心。这部卡通电影中的小丑鱼的学名叫眼斑双锯鱼，隶属于硬骨鱼纲鲈形目雀鲷科双锯鱼属。它们的身体呈橘红色，体侧有三条银白色环带，分别位于眼睛后方、背鳍中央和尾柄处，其中背鳍中央的白带在体侧形成一个近似三角形的图案，各个橘红色的鳍有黑色边缘。这种鱼的体色绚丽分明，泳姿摇摆奇特，因此得名“小丑鱼”；又因其喜欢依偎在海葵中生活，所以人们又称它们为“海葵鱼”。

小丑鱼主要栖息于潟湖及珊瑚礁区，栖息深度可达15米左右。它们一般与海葵共生，体表的黏液可保护自己不被海葵的毒素所伤害。它们喜欢群聚生活，以藻类、鱼卵和浮游生物为食。雌、雄鱼均有护巢护卵的习性，产卵期接近时会有一个有趣的现象，那就是小丑鱼们勤于整理爱巢环境，用口扫除藻类和沙砾，保持巢内清洁。而产卵一般都在下午至傍晚时分进行，每次产卵100~200个。

小丑鱼还有一个非常有趣的现象，那就是小丑鱼种群通常由一条体形最大的雌鱼带领一条体形第二大且具有生殖能力的雄鱼以及一群没有生殖能力的成鱼和稚鱼组成。当最大的雌鱼去世以后，那条体形第二大的雄鱼就会顺位变性成雌鱼，接替带领种群的任务。

还有一件事得提醒各位读者，不要因为看过《海底总动员》就对小丑鱼产生好感。可以很负责任地说，小丑鱼生性凶猛，会对鱼缸中的其他鱼类进行大肆攻击。有人曾混养过小丑鱼，结果是鱼缸中的鱼死伤无数。建议想养小丑鱼作为宠物的读者不要将小丑鱼混养，它们更适合成对饲养或群养。

拉丁学名：*Amphiprion ocellaris* Cuvier，1830。

英 文 名：Clown anemonefish。

俗　　名：小丑鱼、公子小丑鱼。

分　　布：分布于印度洋和西太平洋海域，我国主要分布于南海岩礁海域。

保护级别：未予评估（NE）。

『分身大师』海星

海星，隶属于棘皮动物门海星纲有棘目。它们的身体扁平，多呈星形，整个身体由若干钙质骨板组成，体表有突出的棘、瘤或疣等附属物，通常有 5 条腕，但也有 4 条、6 条甚至更多的。在这些腕的下侧并排长有 4 列密密的管足，这些管足既能捕获猎物，又能攀附岩礁。大个的海星有好几千只管足*呢！海星的嘴在其身体下侧中部，可与物体的表面直接接触。海星的体形大小不一，小到 2~5 厘米，大到 90 厘米；体色也不尽相同，几乎每只都有差别，最常见的颜色有橘黄色、红色、紫色、黄色和青色等。

人们总以为海星靠触角识别方向，其实不然。科学家发现海星浑身都是“监视器”。原来，海星的棘皮上长有许多微小的晶体，而且每一个晶体都能发挥眼睛的功能，以获得周围的信息。科学家对海星进行解剖后发现，海星棘皮上的每个微小晶体都是一个完美的透镜，这些透镜都具有聚光性质，能够使海星同时观察到来自各个方向的信息，及时掌握周边的情况。

海星的再生能力超强，它的绝招就是其独特的分身术。若把海星撕成几块抛入海中，每一个碎块都会很快重新长出失去的部分，从而长成几只完整的新海星。有的海星的本领更大，甚至只要有一截残臂就可以长出一只完整的新海星。

* 管足是指棘皮动物水管系统中从辐管分出的管状运动器官，上面长有吸盘，便于运动。

拉丁学名：Asteroidea De Blainville，1830。

英文名：Star fish，Sea stars。

俗名：海五星、海盘车、五角星。

分布：分布于世界上的各个海域，其中北太平洋的种类最多。

保护级别：大部分种类无危（LC），棘冠海星（*Acanthaster planci*）等少数种类在局部海域濒危（EN）。

『穴居斗士』美肩鳃鳚

美肩鳃鳚，隶属于硬骨鱼纲鲈形目鳚科肩鳃鳚属，是一种生活在近海礁石附近的小型鱼类，其体长最大仅为6厘米左右。它们的头部圆钝，口小，身体前部具有深灰色横带，后部密布着大大小小的黑点。它们没有鱼鳞，也没有侧线，整体呈金黄色，十分耀眼。

美肩鳃鳚属于杂食性海水鱼类，以藻类和有机碎屑为食。它们喜欢穴居生活，通常比较胆小，躲在礁石的缝隙和各种海螺壳中，甚至连人们丢弃在大海中的大小不一的瓶瓶罐罐都是它们理想的栖息地。但它们也会频繁外出，不过即便外出，也仅局限在巢穴周围活动，稍有风吹草动，便又立刻躲回到巢穴之中，因此很难被捕捉到。美肩鳃鳚天生好斗，领地意识极强，会以锋利的犬齿袭击任何可能的入侵者。

美肩鳃鳚虽然没有什么食用价值，却是观赏市场上的香饽饽。它们通体金黄的颜色搭配着与小丑鱼一样的横带花纹，体表点缀着点点黑斑，背鳍上忽隐忽现的蓝色斑点着实让人心生爱慕。美肩鳃鳚比较容易饲养，它们对饲料并不挑剔，几乎可以接受任何饲料。但是要提醒各位爱好者，美肩鳃鳚的领地意识极强，饲养的时候缸中最好只养一条。如果空间太小，最好避免混养一些易受攻击的鱼类。

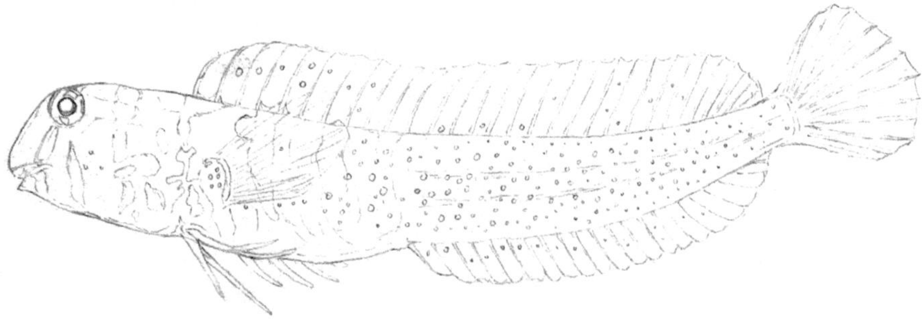

拉丁学名：*Omobranchus elegans*（Steindachner，1876）。

英　文　名：Elegant blenny。

俗　　名：狗鲦。

分　　布：分布于太平洋西北部海域，我国黄海、东海和南海海域均有产。

保护级别：无危（LC）。

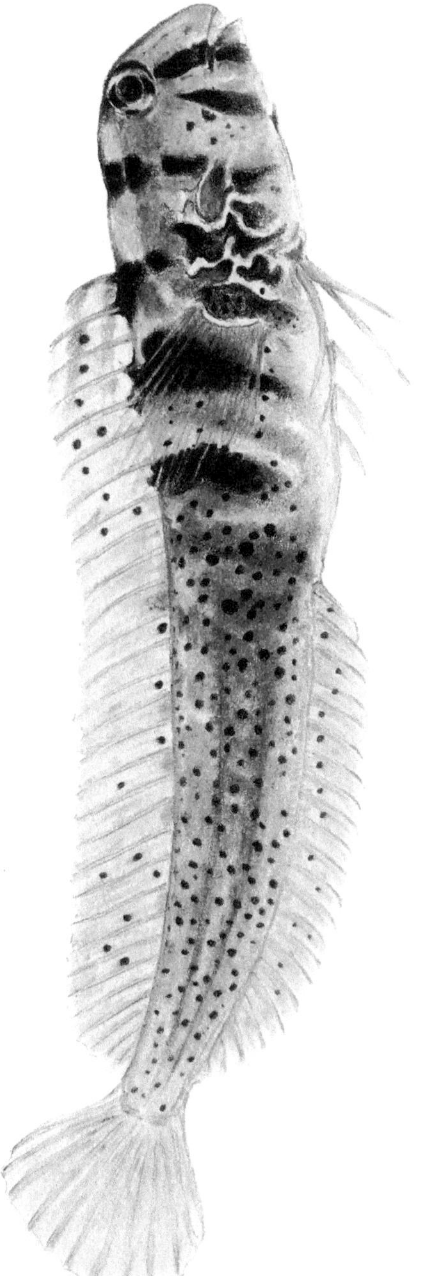

『两栖游客』弹涂鱼

去过红树林的朋友们会发现：每当退潮时，总有一群可爱的小精灵依靠胸鳍在泥涂上跳舞，或爬到岩石、红树丛上捕食昆虫，或爬到石头上晒太阳。它们离水不死，可以在陆地上自由呼吸。对，它们就是我们常说的跳跳鱼。跳跳鱼是浙江沿海一带的美味小海鲜，同时也是海洋馆展示滩涂半咸水生态的代表鱼种，其学名为弹涂鱼，隶属于硬骨鱼纲鲈形目虾虎鱼科弹涂鱼属。

世界上共有 25 种弹涂鱼，我国沿海主要有 3 属 6 种，常见种类有弹涂鱼、大弹涂鱼、青弹涂鱼和大青弹涂鱼。弹涂鱼的身体呈圆柱形，一般体长为 10~20 厘米，重 20~50 克。它们的眼睛较小，突出于头背缘之上；尾鳍宽大，呈楔形；胸鳍有黄绿色虫纹状图案；雄性的生殖孔狭长，而雌性的生殖孔大而圆，呈红色，可以通过观察生殖孔的差异快速判断弹涂鱼的性别。

《舌尖上的中国》中有一个浙江渔民用特制的鱼钩捕捉弹涂鱼的场景：渔民在泥泞的滩涂上甩出捕钩，回收时就能把弹涂鱼钩住，然后丢进挂在腰边的鱼篓中。弹涂鱼的肉质细滑嫩爽，同时含有丰富的脂肪和蛋白质，因此日本人称其为“海上人参”。冬令时节，弹涂鱼肉肥腥轻，因此民间又有“冬天跳鱼赛河鳗”的说法。弹涂鱼的烹饪方式多样，可以红烧、油炸、清炖及晒成鱼干。浙江宁波一带的人们常用弹涂鱼配豆腐和笋干熬汤，再加点香菇和火腿，味道十分鲜美。

人们常说“鱼儿离不开水”，但弹涂鱼一生中的很多时间都不是在水里度过的。它们是怎么做到的呢？原来弹涂鱼的头部有一个可以储水的鳃腔，在离开水之前，它们会在鳃腔内存满水，以供在陆上呼吸；同时它们的鱼鳃表面也演化出了一层薄膜，以减缓水分的散失。除此之外，拉丁学名：*Periophthalmus modestus* Cantor，1842。

英 文 名：Shuttles hoppfish，Shuttles mudskipper。

俗　　名：跳跳鱼、花跳、泥猴。

分　　布：主要分布于印度洋和太平洋海域，我国主要分布于南海及东海海域，其中广东则主要分布于珠江口、雷州湾等地。

保护级别：无危（LC）。

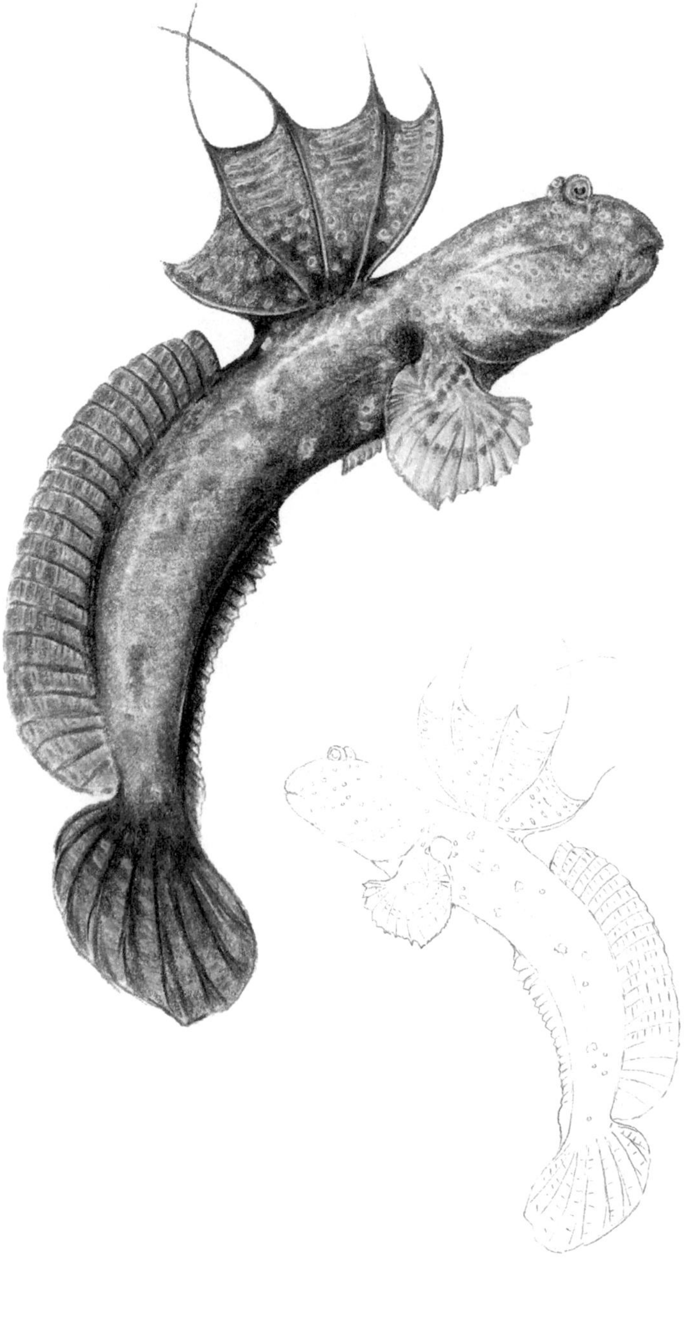

它们还可以通过皮肤呼吸，所以只要弹涂鱼身处潮湿的环境中，就无须惧怕缺氧。近期，科学家们通过基因组学的手段发现弹涂鱼的免疫、视觉、嗅觉、氨排泄等相关基因都经历了明显的正选择。通俗地讲，正是这些基因突变才使得弹涂鱼能够适应陆地上的生活。

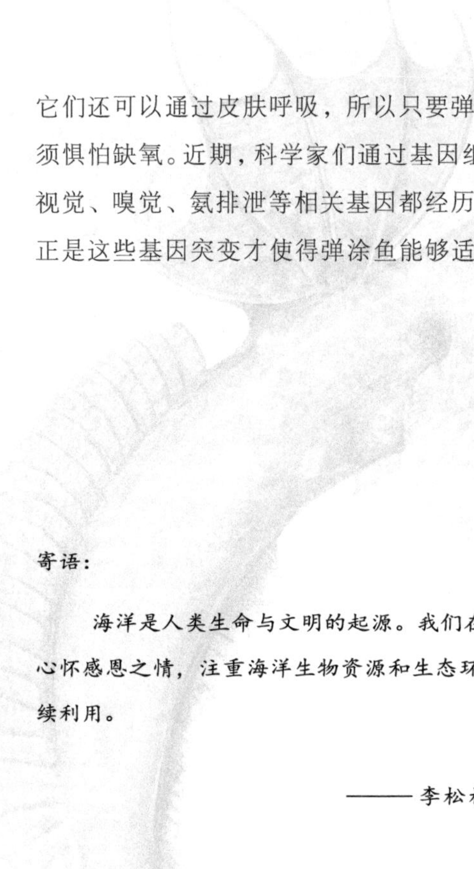

寄语：

海洋是人类生命与文明的起源。我们在开发利用海洋资源的同时，应当心怀感恩之情，注重海洋生物资源和生态环境的保护，实现海洋资源的可持续利用。

——李松林，博士、讲师，上海海洋大学

『随潮进退』黄鳍刺鰕虎鱼

黄鳍刺鰕虎鱼，隶属于硬骨鱼纲鲈形目鰕虎鱼科刺鰕虎鱼属。它们的头大，身体细长，体表呈淡棕色，有一列深色鞍斑和斑点。幼鱼的腹鳍和臀鳍均呈浅黄色。黄鳍刺鰕虎鱼比较容易辨认，它们的腹鳍在所有年龄段都呈黄色，而其他鰕虎鱼的腹鳍为白色、灰色、黑色或无色。此外，黄鳍刺鰕虎鱼成体能长到 30 厘米左右，在鰕虎鱼中算是比较大的。虽然黄鳍刺鰕虎鱼的个头较大，但由于它们是底栖性鱼类，而且需要较低的水温，海洋馆一般较少展示这种鱼。

黄鳍刺鰕虎鱼虽然是海洋鱼类，但是它们会顺着海湾和河口上溯到河川，在全年的大多数时间内，通常出现在淡水溪流中，少数会留在海湾和水深 1~14 米的内湾。黄鳍刺鰕虎鱼一般在冬季至次年早春产卵。产卵前，成鱼会从上游的淡水溪流迁移到下游的河口。卵被产在潮间带泥滩中 15~35 厘米深的 Y 形巢内（洞穴或隧道）。雌鱼产卵后会离开洞穴和雄鱼共同守卫卵的安全，直至受精卵孵化。新孵出的幼体从洞里游出来，并保持在底部附近。当卵黄囊被吸收后，幼体会迅速分散开。涨潮时幼体会漂浮在水面上，退潮时会下降到底部附近。在该发育阶段，它们的腹鳍会融合成一个吸盘，因此能吸附在洞穴底部或爬进洞穴。初生幼体的主要食物为猛水溞和其他桡足类，较大的幼体吃片脚类、糠虾和小鱼。

黄鳍刺鰕虎鱼原产于亚洲，但它们通过吸附在船体上或由船舶的压舱水携带而到达澳大利亚和北美西海岸。在美国加利福尼亚州，一般认为黄鳍刺鰕虎鱼的引入与潮汐鰕虎鱼（*Eucyclogobius newberryi*，也叫纽氏圆鰕虎鱼）的濒危和灭绝有关。

拉丁学名：*Acanthogobius flavimanus*（Temminck & Schlegel，1845）。

英 文 名：Yellowfin goby。

俗　　名：刺虎鱼、光鱼、油光鱼。

分　　布：广泛分布于西北太平洋海域，我国常见于黄海、渤海及东海海域。

保护级别：无危（LC）。

『深海剑客』单角鼻鱼

单角鼻鱼因成鱼长相奇特，头顶有角状突起，成为海洋馆里很受欢迎的一种展示鱼类。

单角鼻鱼，又称长吻鼻鱼，隶属于硬骨鱼纲鲈形目刺尾鱼科鼻鱼属。刺尾鱼科最明显的特征就是尾柄两侧各有一至数对尖锐的尾刺，它们通过快速侧向运动摩擦或刷击侵略者，以此作为防身和捕食手段，因此它们也获得了“深海剑客”的美誉。单角鼻鱼的身体呈椭圆形，侧扁，一般为 20 厘米左右的中型鱼；成鱼整体主色调为蓝灰色，有些个体身体前部两侧有不规则的斑纹；它们的皮肤十分坚韧，以前夏威夷群岛的原住民利用它们的皮肤制作鼓面。

单角鼻鱼通常生活于水深 1~80 米处，多半在礁沟、礁坡或有涌浪处成群活动，交配时成对出现。单角鼻鱼大鱼可食用，味道非常鲜美，但是不新鲜时腥味极重，因此渔民捕获时通常将其内脏去掉。成鱼的皮可煎，鱼头焦烧，鱼身做刺身或煮味噌汤，都十分爽口。当然，它们也是海水观赏市场上的常客，消费者通常称其为“倒吊”。不论是将单角鼻鱼饲养在礁石生态水族缸内还是饲养在单纯只有鱼的水族箱中，都非常好看。但是由于单角鼻鱼具有较强的领地意识，因此饲养时最好在同一时间将它们引入水族缸中，免得同伴间“剑拔弩张”、自相残杀。

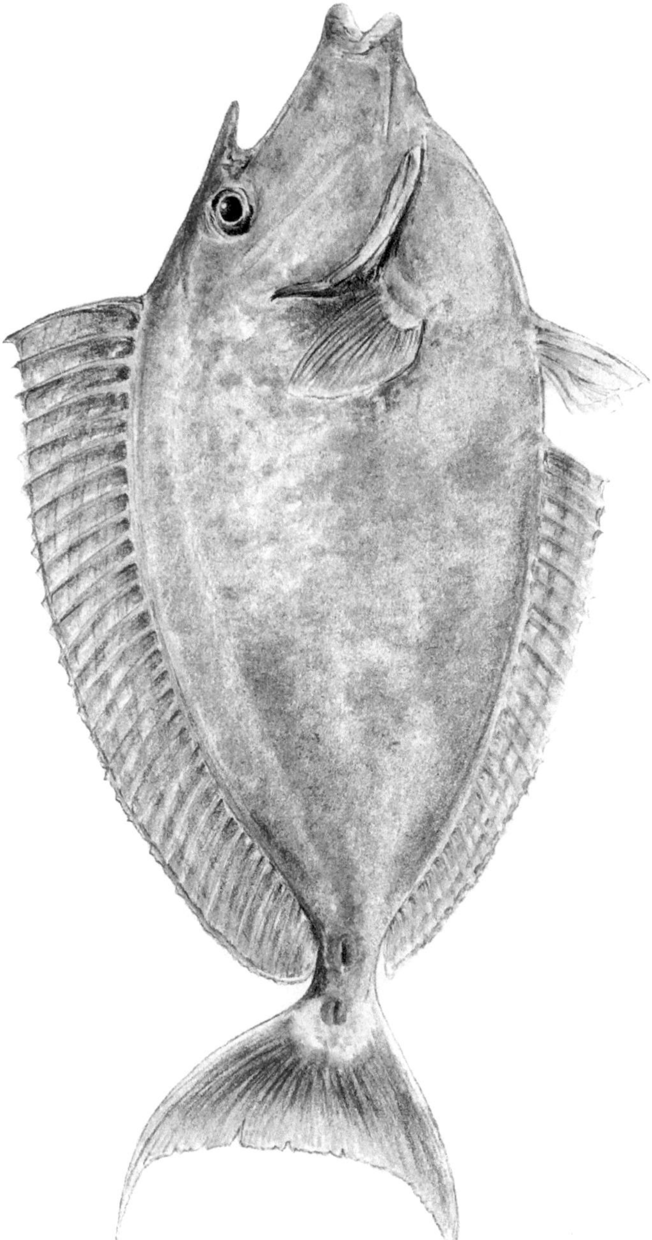

拉丁学名：*Naso unicornis*（Forsskål，1775）。

英 文 名：Unicorn tang。

俗　　名：剥皮仔、打铁婆、独角倒吊。

分　　布：分布于印度洋和太平洋大部分海域，我国主要分布于西沙群岛、中沙群岛、舟山群岛以及台湾等海域。

保护级别：无危（LC）。

『以臭闻名』褐篮子鱼

说到臭臭的鱼，很多人首先想到的可能是臭鳜鱼。其实臭鳜鱼本身不臭，经过特殊腌制发酵后才会变臭，闻着臭，却吃着香。而自然界中有一种生来就自带臭味的鱼，它们被称为“臭肚鱼”。这种鱼一般长到2两左右就达到了商品规格，一斤能卖到20元左右，供不应求，在市场上很受欢迎。

臭肚鱼，又叫泥鯭、象鱼等，学名为褐篮子鱼，隶属于硬骨鱼纲鲈形目篮子鱼科篮子鱼属。它们的身体侧扁，呈椭圆形，头脸似兔，英文名有“兔鱼”（Rabbitfish）之称；身体呈褐色，密布白点及小黑斑；背鳍、尾鳍和腹鳍有硬刺，能分泌毒腺，人或动物被刺到后非常疼痛；它们的体长可达40厘米，体重最大可达1千克左右。

臭肚鱼属杂食性，喜食海藻、海中的浮游生物及附着物。跟其他大部分藻食鱼类一样，臭肚鱼腹内有一股特殊的臭味，因而得此名。它们曾属下等的食用鱼，上不了大席，因此香港流行“泥鯭充石斑”的说法。但是不得不提，现在的泥鯭粥已经是香港著名的美食，声名远扬至日本及东南亚等地区。新鲜的臭肚鱼本身十分鲜美，清蒸或者煮汤都十分醒胃。

臭肚鱼是最守时的鱼类，它们日出而食，日落而息，因而深受钓友喜爱。垂钓一般以生长海藻的海蚀平台最佳，天晴、水清、浪小为理想的垂钓环境。海水一旦混浊，臭肚鱼就不再吃饵了。臭肚鱼鱼刺锋利且有毒，被它刺到时犹如被蜜蜂蜇到般疼痛，因此抓鱼时一定要特别小心。若不慎被刺到，可用热敷方法解毒。

拉丁学名：*Siganus fuscescens*（Houttuyn，1782）。

英 文 名：Rabbitfish。

俗　　名：臭肚鱼、泥鯭、象鱼、雉鱼、羊婴、娘唉等。

分　　布：广泛分布于印度洋的非洲沿岸至太平洋中部，南至澳大利亚东北部，北至日本；我国东南沿海均有产。

保护级别：无危（LC）。

『动力学家』黄鳍金枪鱼

黄鳍金枪鱼，隶属于硬骨鱼纲鲈形目鲭科金枪鱼属。它们的体形粗壮，呈纺锤形，向后逐渐变细；成鱼体长最大可达 2.8 米，最重可达 400 千克；体背部展现出具有金属光泽的黑色或深蓝色，腹部由黄色过渡到银白色，背鳍和胸鳍均呈鲜艳的黄色，这是黄鳍金枪鱼名字的由来。

黄鳍金枪鱼通常以鱼群的形式出现在人们的视野中，与之同行的除了同一物种外，还有鲣鱼、大眼金枪鱼等。金枪鱼集群的优势主要有三点：一是可以增强其攻击和防御能力；二是有利于更快地获取食物来源信息，提高觅食的效率；三是鱼群可以减小个体在海水中游动时的阻力，节省个体的能量，形成一种集群效应。

黄鳍金枪鱼具有超强的游泳能力，是速度最快的海洋生物之一，游速最高可达 90 千米 / 小时。黄鳍金枪鱼的一生可以说是在游泳中度过的。由于它们的鳃肌已退化，它们必须不停地游动，才能使新鲜的海水流过鳃部以获取氧气。这也是我们看到黄鳍金枪鱼总是张着嘴巴的原因。黄鳍金枪鱼若停止游动，就会因缺氧窒息而死亡。这种张口使水流直接经过鳃部以获得氧气的呼吸方式叫作撞击式呼吸。

黄鳍金枪鱼能够为人们所熟知的一个重要原因就是它们的美味。黄鳍金枪鱼的产量占金枪鱼总产量的 35%，通常用于制作生鱼片和罐头。虽然黄鳍金枪鱼的繁殖力旺盛，产卵量丰富，但人们的消费需求持续增长，因此黄鳍金枪鱼被世界自然保护联盟评估为近危物种。希望合理的管理与开发能够保持黄鳍金枪鱼的数量。

拉丁学名：*Thunnus albacares*（Bonnaterre，1788）。

英 文 名：Yellowfin tuna。

俗　　名：金枪鱼、黄鲅甘、黄奇串。

分　　布：广泛分布于各大洋的热带、亚热带海域，仅地中海海域未见分布，我国主要分布于东海、台湾沿海以及南海海域。

保护级别：近危（NT）。

『渔业劳模』鲣鱼

鲣鱼，隶属于硬骨鱼纲鲈形目鲭科鲣属，而这一属中仅包括鲣鱼一种，可谓“独苗单传”。鲣鱼除地中海东部和黑海没有分布外，全球各大洋的温暖海域都有它们的身影。它们的身体呈纺锤形，侧扁，有 4~10 条不等的浓青色纵线；体背呈蓝褐色，腹部为银白色，各鳍为浅灰色；一般体长为 40~50 厘米，大者可达 1 米以上，是世界上非常重要的经济鱼类之一。

鲣鱼在热带海域定居，在温带海域则呈季节性洄游。洄游时，小型鱼在前上方，老成鱼在后下方，并且有明显的趋于水表群集现象。它们属黎明、昼行性鱼，白天出没于表层至 260 米水深处，夜间上浮，经常捕食沙丁鱼、甲壳类和软体动物。

鲣鱼是全球金枪鱼渔业中最为重要的目标鱼种。据报道，从 1998 年开始，其渔获量基本上维持在 4 种主要金枪鱼总渔获量的 50% 以上。我国大陆的大型金枪鱼围网船自 2001 年首次进入中西太平洋渔场作业以来，无论是船队规模还是捕捞产量在数年之间均取得了迅猛发展，其中 2006 年鲣鱼渔获量占到金枪鱼总产量的 90% 以上。鲣鱼是重要的食用鱼，其肉可生食，清煮也很可口，还可用于制作鱼松、鱼干。此外，世界上的主要渔业国还将鲣鱼加工成罐头制品，在欧美市场上十分畅销。

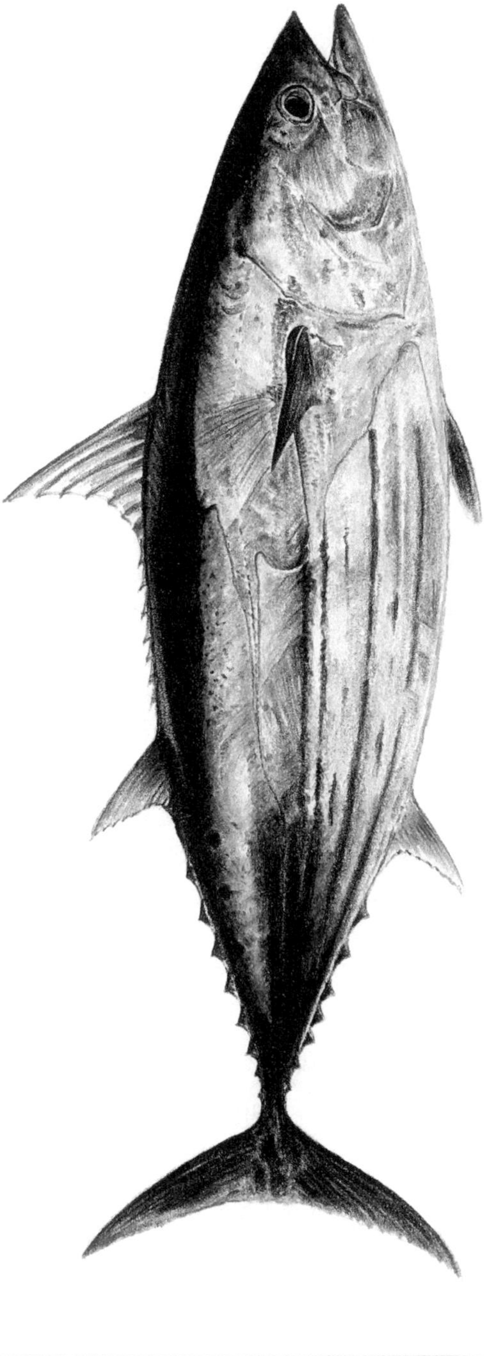

拉丁学名：*Katsuwonus pelamis*（Linnaeus，1758）。

英文名：Skipjack tuna。

俗名：正鲣、烟仔、小串、柴鱼、烟仔虎等。

分布：广泛分布于全球各大洋的温暖海域，我国南海、东海、黄海及香港、台湾等海域均有产。

保护级别：无危（LC）。

『饺子伴侣』蓝点马鲛

许多到过海南岛的人可能都尝过当地的煎马鲛鱼。在刚从锅里捞起来的金黄色鱼块上淋上提鲜的生抽，旁边饕客的口水直往肚里流。海南岛渔民有一种说法：马鲛鱼的骨头是软的，尤其是尾鳍前的骨头是很好的下酒菜。当然，海南岛的马鲛鱼可能不是蓝点马鲛，但无论是否，马鲛鱼的美味都让人垂涎三尺。

蓝点马鲛，隶属于硬骨鱼纲鲈形目鲭科马鲛属。它们的身体呈梭形、侧扁；体背侧呈蓝黑色，腹侧为银白色，背鳍和尾鳍为灰褐色，沿体侧中央有数列黑色圆斑；口大，上、下颌牙齿十分尖锐；有两个稍分离的背鳍，胸鳍和腹鳍都比较短小。

很多读者对蓝点马鲛这个学名不太熟悉，但一说起“鲅鱼饺子”或“鲅鱼丸子”，你一定不会觉得陌生。对，鲅鱼饺子中洁白丰润、饱满爽口的鱼肉便来自蓝点马鲛。鲅鱼的肉质十分结实、细腻、鲜美，最重要的是鲅鱼的刺特别少。这一点是很多鱼种都没法与之媲美的。除掉中间的主刺，就可以放心大胆地将鲅鱼肉做成馅料了。一直到现在，胶东半岛还有在谷雨前后鲅鱼上市的时候，子女给老人包鲅鱼饺子的习俗。鲅鱼除了能做成水饺馅料以外，还可以做成咸干品、罐头和熏制品，味道同样让人回味无穷。

20 世纪 80 年代前后，鲅鱼成为我国黄海和渤海的主要渔业资源，年产量最高可达几十万吨。不过到了 90 年代，鲅鱼资源开始衰竭，尤其是近年来鳀鱼的滥捕严重破坏了鲅鱼所在的食物链，很难再出现大规模的渔汛。物以稀为贵，浙江象山市场上鲅鱼的价格曾高达每千克 800 元。

拉丁学名：*Scomberomorus niphonius*（Cuvier，1832）。

英 文 名：Japanese spanish mackerel，Japanese seerfish。

俗　　名：鲅鱼、蓝点鲛、条燕、板鲅、竹鲛、尖头马加、青箭等。

分　　布：广泛分布于太平洋西北部的日本诸岛海域、朝鲜半岛南端群山至釜山外海，我国渤海、黄海、东海等海域均有分布。

保护级别：无危（LC）。

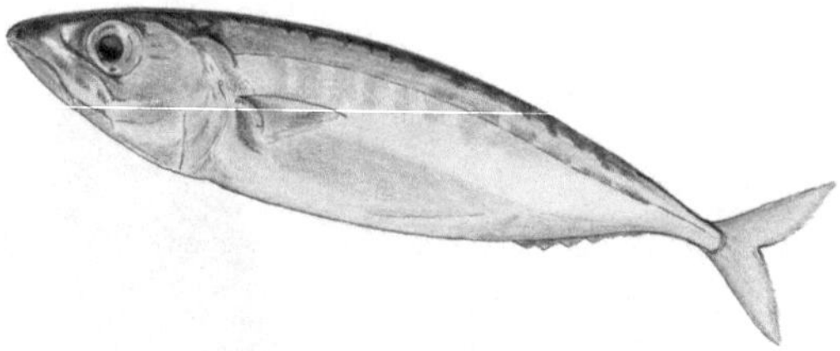

『陈腐毒师』鲐鱼

大连的渔民会在鲐鱼捕捞季应海洋馆的要求出海捕捞活体鲐鱼，然后按条出售给海洋馆。成千上万条鲐鱼游动起来十分壮观，给海洋馆增色不少，但运输、饲养成本和存活率是妨碍海洋馆常年展出鲐鱼的最主要的因素。

鲐鱼，隶属于硬骨鱼纲鲈形目鲭科鲭属。它们的身体粗壮、微扁，呈纺锤形；眼大位高，上、下颌等长，各具一行细牙。它们的身体两侧胸鳍水平线以上有不规则的深蓝色虫蚀纹，因此在民间俗称蓝鲭鱼。

鲐鱼为远洋暖水性鱼类，不进入淡水水域。春夏时节，它们多栖息于海洋中上层，活动在温跃层以上。它们的游泳能力强，速度快，每年在生殖季节常聚集成大群进行远距离洄游。雌鱼在交配后至少产三次卵，时间主要在午夜到黎明前后以及从傍晚到午夜。目前，我国已知的鲐鱼产卵场为黄海北部烟台与威海外海。

鲐鱼是我国重要的中上层经济鱼类之一，其肉质坚实，做法多样，除鲜食外还可晒制或制成罐头。它们的肝还可以用于提炼鱼肝油。鲐鱼有着很高的药用和营养价值，食用可以治疗脾胃虚弱、消化不良、肺痨虚损、神经衰弱。据有关资料的介绍，鲐鱼体内富含铜、磷和蛋白质，青少年和儿童多食鲐鱼，有助于生长发育，提高智力。

值得提醒广大朋友的是，在食用鲐鱼时一定要注意防止食物中毒！目前中毒的原因还没有定论，但大多数观点认为在鱼体变质后，鱼体本身的自溶作用不断加剧，产生的腐败胺分解后形成的组胺引起人体食物中毒。所以，在食用鲐鱼时要注意保鲜，尽量食用鲜度较高的鱼肉。国内海洋馆会从大连和青岛的冷冻鱼供应商那里采购冷冻鲐鱼作为鱼饵喂养海狮、海豚、鲨鱼等大型海洋生物。为了避免食物中毒，冷冻期超过6个月的鲐鱼基本上都不会给它们食用。

拉丁学名：*Scomber japonicus* Houttuyn，1782。
英　文　名：Chub mackerel。
俗　　　名：青花鱼、太平洋鲭鱼、日本鲐鱼、竹马鲛鱼、花飞等。
分　　　布：分布于太平洋西部海域，我国沿海均可见。
保护级别：无危（LC）。

『海中猎豹』平鳍旗鱼

如果有一天观众能在海洋馆的大水池里看到一群群游来游去的旗鱼，那该是一件多么让人兴奋的事呀！虽然国内外海洋馆里已经能够饲养蓝鳍金枪鱼和鬼头刀等难以驯化的鱼种，但是当前想让旗鱼常年出现在海洋馆里仍然是一件不可能完成的任务。日本福岛海洋馆曾经在室内尝试养了两个多月旗鱼，虽然最终未能成功，但向实现旗鱼的人工养殖又迈出了坚实的一大步。

平鳍旗鱼，隶属于硬骨鱼纲鲈形目旗鱼科旗鱼属。它们的身体近似纺锤形，背部呈深蓝色，腹侧为银白色，背鳍为亮蓝色且有斑点；吻延伸为长圆形，上颌像剑一样向前突出；腹鳍较长，第一背鳍又长又高，竖展的时候仿佛船上扬起的一面旗帜，故得名“旗鱼”。最大个体体长超过 4 米，体重超过 90 千克，为热带和亚热带大洋性中层大型凶猛鱼类，常以鲹鱼、乌贼、秋刀鱼等为食。

平鳍旗鱼是海洋中游速最快的鱼类之一。它们游泳时，长剑般的吻突迅速将水向两旁分开，同时会放下背鳍，将阻力减到最小。它们的尾鳍高频率摆动，就像船上的推进器一样。加上它们流线型的身躯和发达的肌肉，平鳍旗鱼能像离弦之箭那样飞速前进。在通常状态下，平鳍旗鱼的游速为 37~55 千米 / 小时，而当其攻击猎物时，瞬时游速可超过 100 千米 / 小时，因此它们有足够的爆发力捕食金枪鱼和鲭鱼等游速非常快的鱼类。有人根据游泳速度记录，对游速最快的鱼类进行了排序，它们依次是平鳍旗鱼、剑鱼、金枪鱼、大槽白鱼、飞鱼、鳟鱼、海豚等，因此平鳍旗鱼可算是海洋鱼类中的游泳冠军了。

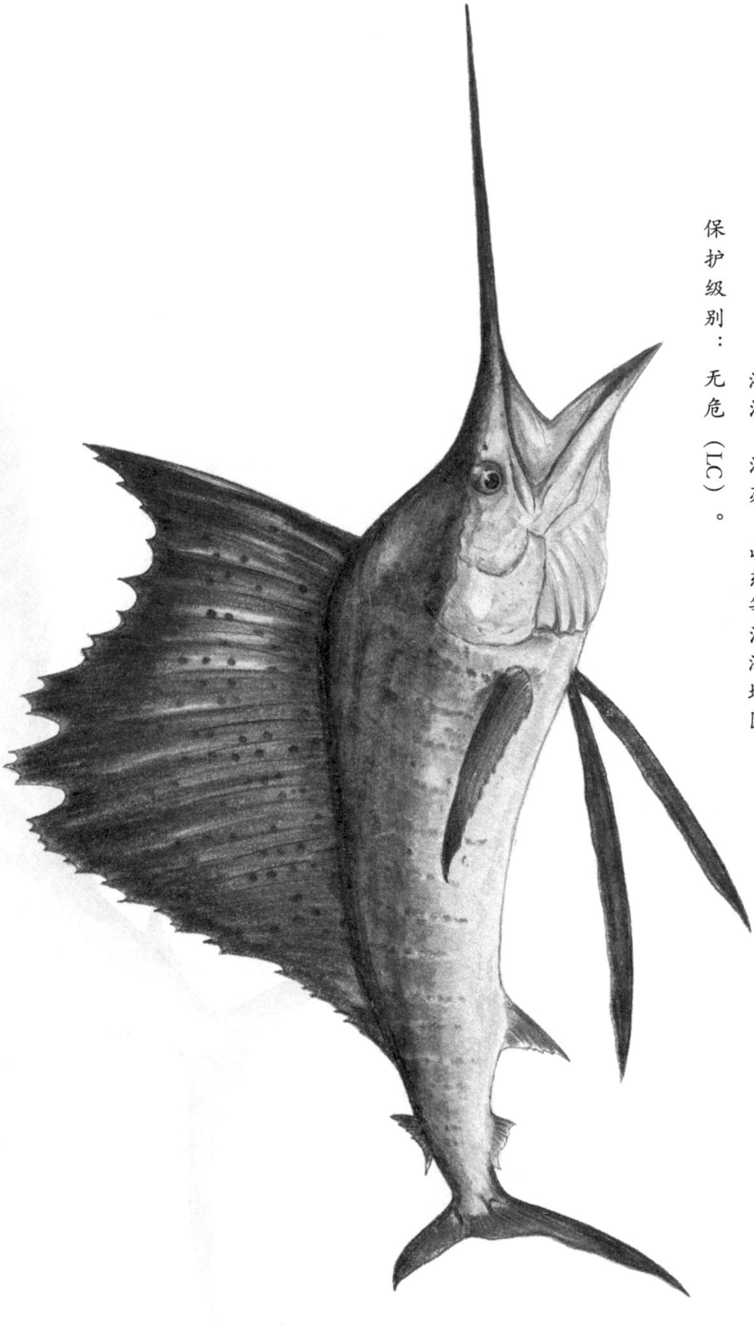

拉丁学名：*Istiophorus platypterus*（Shaw，1792）。

英 文 名：Indo-Pacific sailfish。

俗　　名：雨伞旗鱼、东方旗鱼、雨笠仔等。

分　　布：广泛分布于全世界热带、亚热带海域，我国产于南海诸岛、台湾、广东、福建、浙江、江苏、山东等沿海地区。

保护级别：无危（LC）。

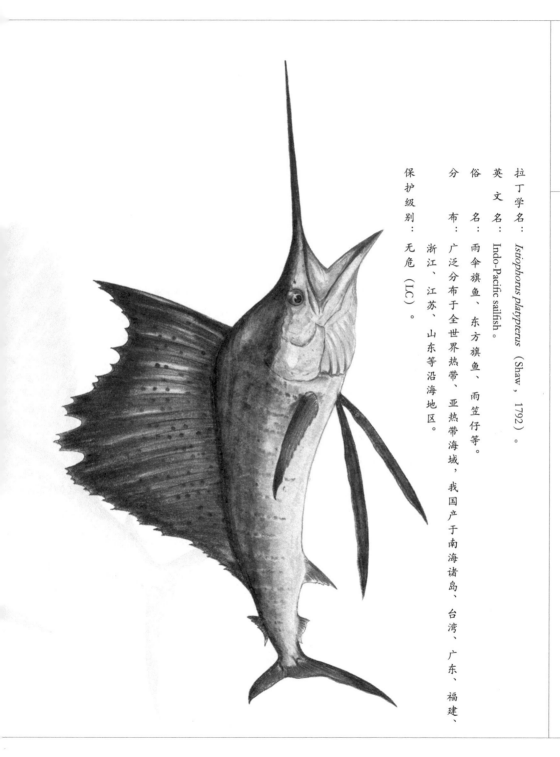

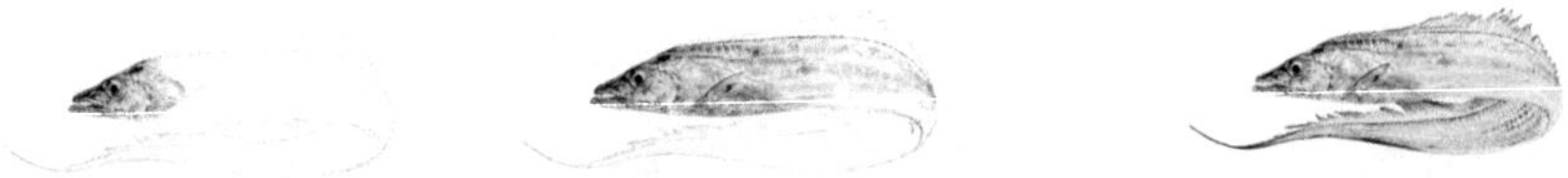

『凶残银条』带鱼

有一种海洋鱼类，它们的运动方式可以说是独树一帜。它们不是靠鱼鳍划水前后游动，而是依靠摆动身躯上下窜动。而当静止的时候，它们的身体竖直向上，就像一根根挂在水中的带子一样。这种鱼就是我们在市场上常见的带鱼。

带鱼，隶属于硬骨鱼纲鲈形目带鱼科带鱼属。它们的身体侧扁，呈带状，全身为银灰色，鳞片退化；体长一般为50~70厘米；头狭长，口大，吻部突出；下颌长于上颌，两颌具有锋利的牙齿；背鳍从头后部一直延伸至尾端，腹鳍和尾鳍消失。

刚刚出水的带鱼可谓是银光闪闪，体表像是被刷了一层银膜。没错，买鱼的时候手上摸到的那层银粉一样的东西（银脂）就是带鱼退化的鳞片，可以保护带鱼的皮肤。新鲜的带鱼体色鲜亮，而体表发黄是表层的银脂被氧化的结果。日本大阪海游馆曾经饲养过活体带鱼，在暗弱的光线下，一条条活带鱼竖立在水池中，像是在准备着给猎物致命一击。

带鱼是一种贪食且凶猛的肉食性动物，主要捕食鱼类、甲壳类以及软体动物，人们在带鱼的肚子里面发现竟然还有它们自己的同类——小带鱼！所以，在海钓带鱼的过程中，有时会看到这样一种现象：钓上来的带鱼一条咬着另一条的尾巴，形成一串，一次即可收获多条。带鱼这种“六亲不认”的特点还真的体现了吃货的本质，它们以为被钓走的鱼儿是食物，未曾意识到那是自己的同类。

带鱼作为我国的四大海产鱼类之一，具有极大的经济价值。它们的肉厚刺少，营养丰富，是一种高脂鱼类，富含脂肪、蛋白质、人体必需的多种维生素和矿物质。带鱼的常见做法有油炸、糖醋、清蒸等，深受消费者喜爱。

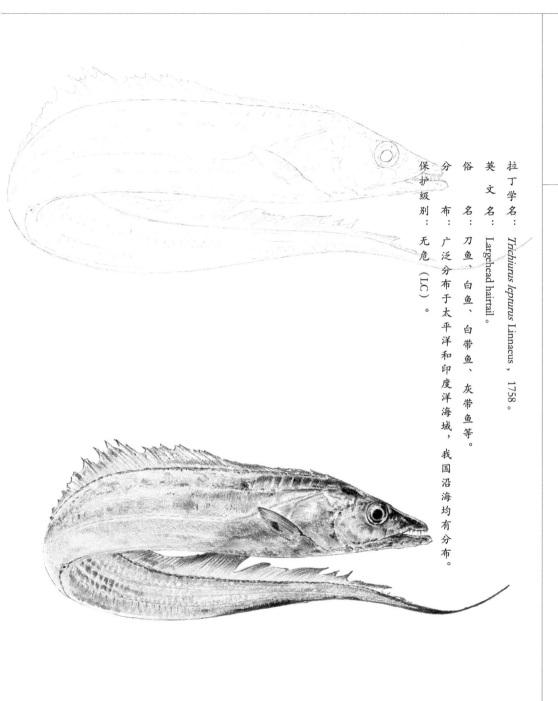

拉丁学名：*Trichiurus lepturus* Linnaeus，1758。

英 文 名：Largehead hairtail。

俗　　名：刀鱼、白鱼、白带鱼、灰带鱼等。

分　　布：广泛分布于太平洋和印度洋海域，我国沿海均有分布。

保护级别：无危（LC）。

『身娇命贵』银鲳

有一种鱼挑食好动，鳞片有细微破损时就会得病死亡。它们“出海即死”，曾被称为世界上最难养的鱼。这种鱼就是银鲳，隶属于硬骨鱼纲鲈形目鲳科鲳属。它们的身体呈卵圆形、侧扁；头小，吻圆钝且略突出；口小，两颌各有一行排列紧密的细牙；体被小圆鳞，易脱落；背部略微呈青灰色，胸部和腹部为银白色，全身具有银色光泽并密布黑色细斑；成鱼腹鳍消失，背鳍与臀鳍呈镰刀状，尾鳍呈叉形，体长一般为 20~30 厘米，最长可达 60 厘米，体重为 300 克左右。

银鲳为海洋洄游性鱼类，生活于 5~110 米深的海域，繁殖期为冬天到翌年夏天，成群的亲鱼在沿岸的中水层产下浮性卵，在秋天便向外海移动。孵化后的幼鱼生长至 3 厘米左右时也往外海游去。

银鲳的肉质细嫩且刺少，系名贵海产食用鱼类。这种鱼的烹饪方式多样，不管是酥煎还是清蒸，银鲳都是一种老少咸宜、不可多得的食材。除食用外，银鲳也可用于观赏。它们的体格强健，性情温和，不袭击其他鱼类，可以和其他大型鱼类混养。成群的银鲳在海里游动时蔚为壮观，但遗憾的是国内海洋馆目前还没有饲养、展示过这种鱼。近年来，随着银鲳“投喂难”“防病难”和“育苗难”等一个个世界级难题被科学家们逐一破解，让这种世界上最难养的鱼“游”向餐桌和海洋馆不再是一个可望而不可及的梦想。

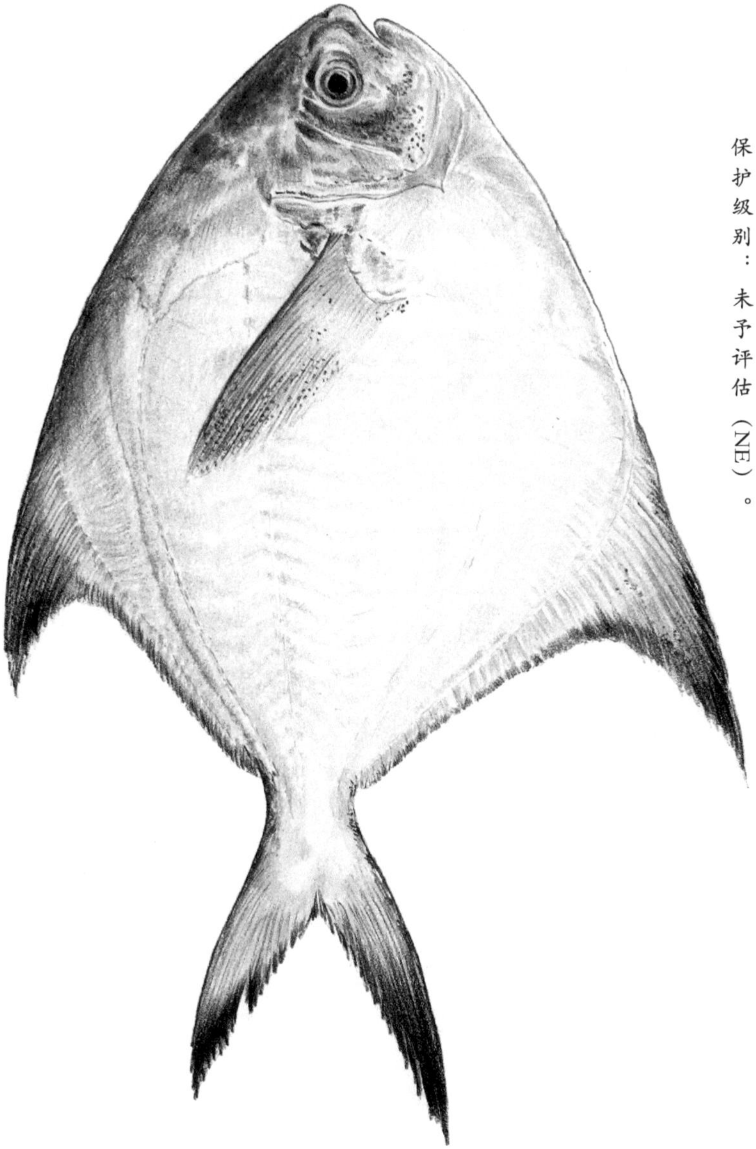

拉丁学名：*Pampus argenteus*（Euphrasen，1788）。

英 文 名：Silver pomfret。

俗　　名：平鱼、白鲳、车片鱼、扁鱼等。

分　　布：分布于印度洋和西太平洋海域，我国沿海均有分布。

保护级别：未予评估（NE）。

『左眼多宝』大菱鲆

大菱鲆是底栖性鱼类，体色易随环境变化，犹如变色龙一般，因此大菱鲆经常被作为具有保护色的海洋鱼类的代表在海洋馆中展出。大菱鲆隶属于硬骨鱼纲鲽形目菱鲆科菱鲆属。它们的身体扁平，两眼位于身体的同一侧，所以又叫比目鱼。其实，在很小的时候，比目鱼的体形跟其他绝大多数鱼一样也是两侧对称的。到了孵出 20 天左右的时候，仔鱼开始进行变态发育，眼睛从身体的一侧转移到另一侧，身体也逐渐变得扁平。分类学上根据比目鱼眼睛的位置，有“左鲆右鲽，左舌右鳎”之说，但是这种说法也不完全准确，因为有少数种类的眼睛可以分别出现在身体的两侧，如星突江鲽和大口鳒等。

大菱鲆属于北欧冷水鱼类，由已故中国科学院院士雷霁霖研究员于 1992 年从英国引入我国。经过长达 7 年的科研和生产试验，1999 年大规模苗种生产终于获得成功，此后在北方沿海推广养殖，成为了我国北方重要的海水养殖品种。大菱鲆在自然状态下的摄食习性为肉食性，幼鱼期摄食甲壳类，成鱼则捕食小型鱼虾等。在人工养殖条件下，大菱鲆经驯化后主要靠投喂高能颗粒配合饲料。

大菱鲆裸露无鳞，头部及尾鳍均较小，鳍条为软骨；内脏团小，体内无小骨乱刺，出肉率高；皮下和鳍边含有丰富的胶质，蛋白含量高，营养丰富，具有很好的滋润皮肤和美容作用，而且能补肾健脑。大菱鲆在我国习见于整条清蒸，属于很传统的粤式吃法；而欧洲人则喜欢将其做成鱼排和生鱼片。

拉丁学名：*Scophthalmus maximus*（Linnaeus，1758）。

英 文 名：Turbot。

俗　　名：多宝鱼、欧洲比目鱼。

分　　布：自然分布于大西洋东岸，常见于北海和波罗的海；1992 年引种至中国，1999 年大规模苗种生产获得成功后，成为北方沿海重要的养殖对象。

保护级别：无危（LC）。

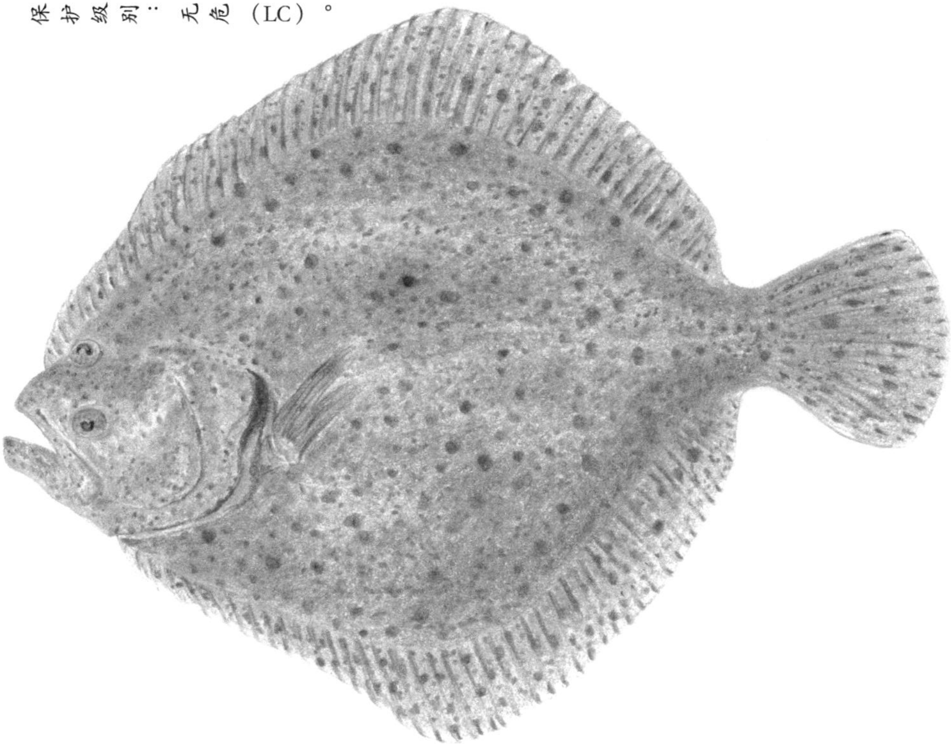

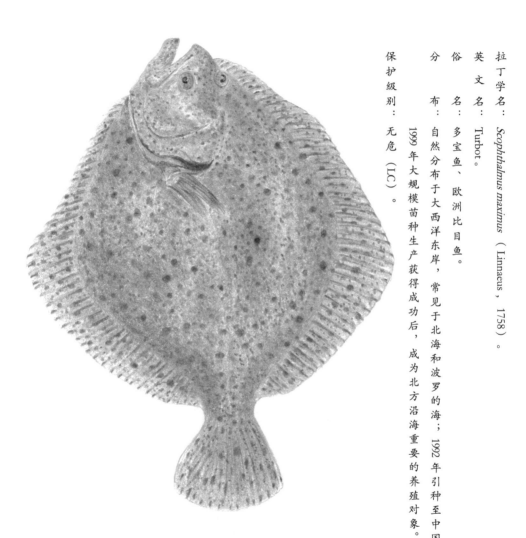

『中药剂师』海燕

海燕，隶属于棘皮动物门海星纲有棘目海燕科。它们的身体扁平，呈五角星形；中央部位称为体盘，体盘背面向上的部分称为反口面，外表颜色变化很大，通常为深蓝色和丹红色交杂排列；腹面向下的部分称为口面，呈橘黄色，中央有口，用于摄食；体盘四周有 5 条呈辐状排列的短腕，有时也能看到有 4 条或 6 ~ 9 条短腕的个体；各腕中央稍隆起如棱，边缘尖锐；腕的腹面有开放的步带沟，沟内有两行具有吸盘的管足。

海燕科的属种甚多，但我国仅有 8 种，常见的有北方的海燕和南方的闽粤（林氏）海燕。海燕的体色一般较鲜艳，多生活于沿岸浅海和潮间带岩石海岸，常裸露，或隐藏在石下和石缝中，也有少数种类潜伏在沙滩表面。它们多为肉食性，能捕食其他棘皮动物、软体动物及蠕虫等。早些年，秦皇岛沿海一带有很多海燕，潜水员到了水下很快就可以捉上满满一桶。

海燕性温寒，可入药。可在夏、秋季捕鱼时捕获海燕，也可在退潮时于岩岸海藻繁生处拾取。

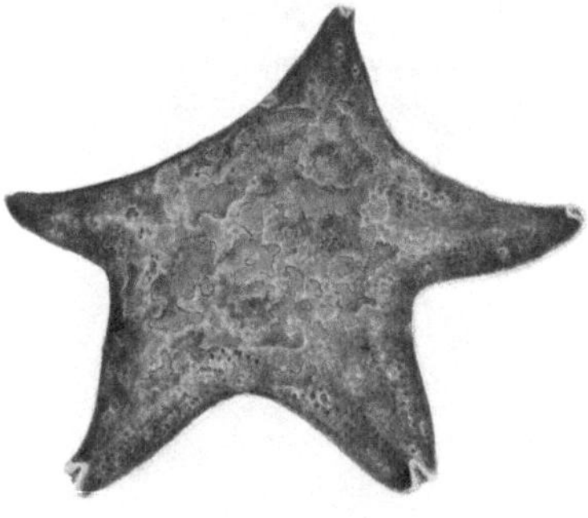

拉丁学名：*Patiria pectinifera*（Muller & Troschel，1842）。

英 文 名：Petrel ，Blue bat star。

俗　　名：五角星、海五星。

分　　布：分布于我国黄海和渤海一带。

保护级别：无危（LC）。

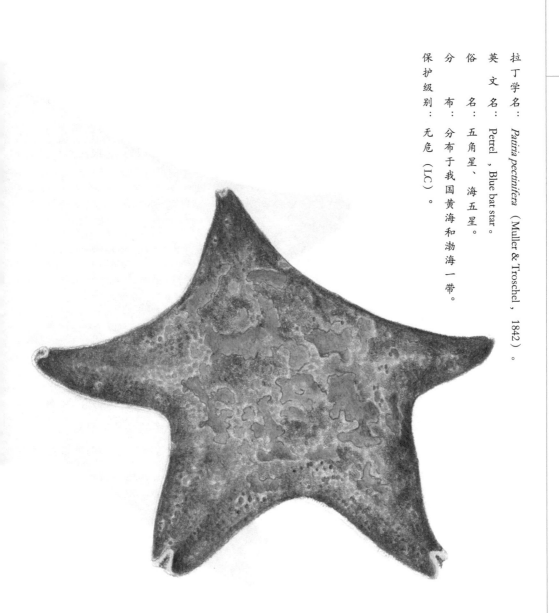

『鸦片鱼头』褐牙鲆

褐牙鲆，隶属于硬骨鱼纲鲽形目牙鲆科牙鲆属。它们的身体扁平，呈长椭圆形。跟其他比目鱼一样，褐牙鲆在发育过程中也经历了变态发育阶段。我们在市场上和水族缸里看到的褐牙鲆的两只眼睛都位于身体左侧，上眼靠近头部背缘，比下眼稍靠前；无眼侧摸起来稍感圆滑，有眼侧则稍感粗糙；无眼侧的体色为白色，有眼侧的体色为暗褐色或灰黑色，并散布有暗褐色和白色斑点。

褐牙鲆为暖温性底层凶猛鱼类，体长一般为 25~50 厘米，大的可达 80 厘米左右，以甲壳类和鱼虾为食。它们会依季节进行短距离的集群洄游，栖息地十分广阔。野生成熟个体通常喜欢潜伏在多泥或淤泥沉积底层。

褐牙鲆是我国名贵食用经济海鱼，北方流行“一鲆（褐牙鲆）、二镜（鲳鱼）、三鳎目（舌鳎）”的说法。人们习惯上称褐牙鲆为“鸦片鱼”，有人认为这是形容其味美，犹如鸦片一样让人成瘾；也有人说“鸦片”是“牙偏”或“牙片”的谐音。不知道哪种说法准确，但是可以肯定的是褐牙鲆的肉质确实细嫩鲜美，深受消费者喜爱。

细心的朋友会发现，超市和网店售卖的褐牙鲆只有鱼头，却不见鱼身。这是怎么回事呢？原来我国的褐牙鲆鱼头绝大多数是从俄罗斯和冰岛等高纬度国家进口的，这些国家的人不太喜欢吃鱼头，认为鱼头的脂肪和胆固醇含量很高，因此在捕捞上岸和进加工厂时，鱼头会被当成副产品切下来，冷冻加工后远销他国。而鱼头在我国很受欢迎，褐牙鲆鱼头的口感并不比鱼身差，而且单买鱼头的价格要比整条鱼便宜不少。这就不难理解为什么在市场上常见褐牙鲆鱼头而不见其身了。

拉丁学名：*Paralichthys olivaceus*（Temminck & Schlegel，1846）。

英 文 名：Olive flounder。

俗　　名：比目鱼、油牙鲆、左口、沙地、牙片、偏口等。

分　　布：分布于北太平洋西部海域；我国黄海和渤海的产量较高，东海和南海较低，主要渔场有石岛渔场和连青石渔场。

保护级别：无危（LC）。

『负石而行』石鲽

石鲽，隶属于硬骨鱼纲鲽形目鲽科石鲽属。跟所有比目鱼一样，石鲽也经历了变态发育过程。它们的两只眼睛位于身体的同一侧，身体扁平，同时伴随着色素在有眼侧沉积，有眼侧呈褐色或有小型暗色斑纹，而无眼侧呈银白色。石鲽小鱼的皮内有退化的小鳞，而成鱼的鳞片则消失不见，在有眼侧长有一行粗骨板，就像长在身体上的石头，故称“石鲽”。石鲽的体长一般为 20~30 厘米，重 250~400 克。

石鲽为典型的冷温性底层鱼类，主要分布在温带及寒带海域。它们喜欢栖息在细沙质海底，主要以小型虾蟹和蚌类等为食。它们没有长距离洄游的习性，仅随季节变化在深、浅水之间移动。春季鱼群向沿岸水域索饵，春末夏初在鸭绿江口水域索饵，此后至初秋季节鱼群散游在海洋岛以北沿岸浅水区继续索饵，然后逐渐向南游至 40~60 米深的水域产卵。产卵后，鱼群稍向东南移动，返回水深 60~70 米的越冬场。

我国的野生石鲽主要产于黄海和渤海，其中海洋岛渔场和石岛渔场的产量最高，辽东湾的产量稍低。石鲽的生产季节为春秋两季，秋季产量较大。石鲽是受保护的水产资源，辽宁省规定最低可捕标准是石鲽体长达到 19 厘米。

石鲽具有肉质细嫩、口感佳、营养丰富、生长速度快等诸多优点，已经成为我国北方沿海的主要养殖种类，尤其受东北地区的消费者欢迎。同时，石鲽也是我国出口创汇的主要商品，具有较高的经济价值。

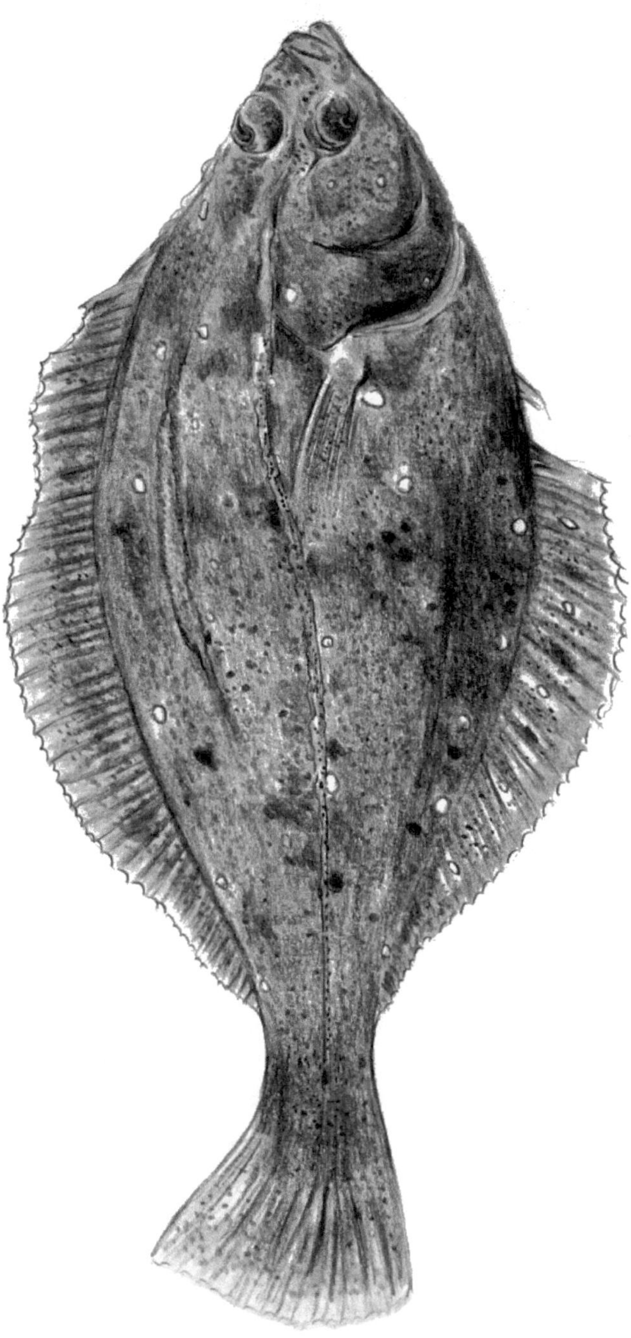

拉丁学名：*Kareius bicoloratus*（Basilewsky，1855）。

英 文 名：Stone flounder。

俗　　名：石板、石岗子、石江子、石镜、石夹、二色鲽。

分　　布：主要分布于温带及寒带海域，我国主要产于黄海和渤海。

保护级别：无危（LC）。

『右眼鞋底』带纹条鳎

秦皇岛的海鲜餐厅几乎都有条鳎或鳎沙出售。厨师们习惯上把这些巴掌大小的鱼酥炸至金黄色。把刚炸好的鱼蘸点椒盐放进口里，感觉脆脆的，可以连皮带骨直接咽到胃里。至于吃下去的是带纹条鳎还是其他条鳎，这时候已不太重要。

比目鱼有“左舌右鳎”之说，这里要给大家介绍的是一种两只眼睛都在身体右侧的鱼——带纹条鳎。带纹条鳎隶属于硬骨鱼纲鲽形目鳎科条鳎属。它们的身体呈舌状或鞋底状，故俗称“花牛舌”“花鞋底”等。它们的有眼侧呈淡黄褐色，并且具有成对的深褐色横向条纹，上下均延伸到了背鳍和臀鳍；无眼侧则呈乳白色，无条纹；它们的背鳍、臀鳍和尾鳍全部相连，无眼侧的胸鳍已退化；体长一般为 15~20 厘米。

跟其他比目鱼一样，带纹条鳎也经历了变态发育过程。它们的眼睛也不是从一出生就位于身体右侧，其实当它们是仔鱼的时候，身体还是左右对称的，此时它们营浮游生活。孵化后 20 天左右的时候，眼睛就开始“搬家”，左眼逐渐向头的上方移动，越过头的上缘移到身体的另一侧，直到接近另一只眼睛时才停止。此时，它们转为底栖生活，通过身体的摆动进行游动，游动时身体像蝴蝶一样，翩翩起舞。不过，在大多数情况下，它们都平卧在海底。它们会通过快速扭动身体，将整个身体埋在海底沙质或泥质里面，把自己伪装起来，只露出两只眼睛等待猎物或者躲避捕食者。这样一来，两只眼睛在一侧的优势就表现出来了。当然，这也是动物在漫长的演化历程中自然选择的结果。

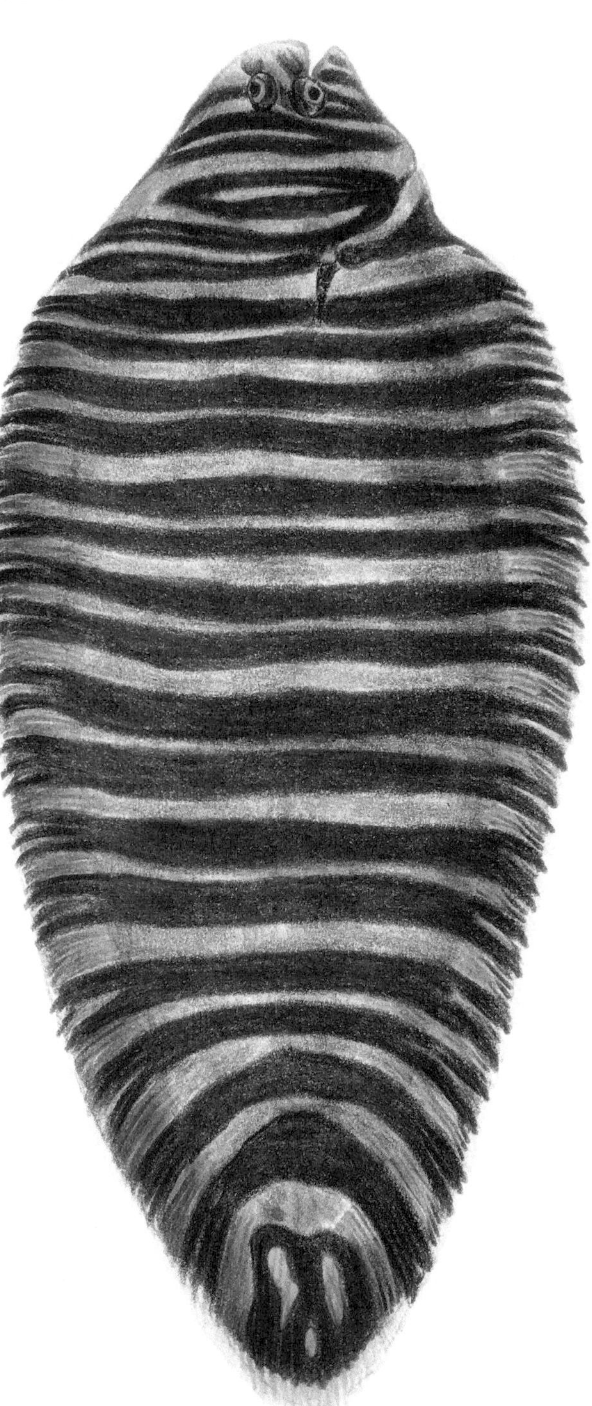

拉丁学名：*Zebrias zebrinus*（Temminck & Schlegel，1846）。

英 文 名：Striped sole。

俗　　名：斑条鳎、斑鳎沙、花卷、花牛舌、花鳎目、花鞋底等。

分　　布：印度尼西亚、日本及朝鲜海域均有分布；我国沿海一带均产，分布于渤海、黄海、东海和南海，其中东海的产量最高。

保护级别：无危（LC）。

『炮弹专家』叉斑锉鳞鲀

这是一种很受海洋馆欢迎的鳞鲀科鱼类。每当它们出现时，就像雨后天空中挂起的一道彩虹，总能给游客带来惊喜；但下一秒它们很快就消失不见了，留给观众新一轮的期待。这种鱼色彩斑斓，外表就像是画上去的一样，十分梦幻。它们身体上的斜向花纹非常美丽，如同鸳鸯身上的图案，故而得名“鸳鸯炮弹”。亚成体身上的花纹非常多，而且犹如人们在画布上涂抹的抽象画一样错乱无序。这让它们有了另一个名字“毕加索炮弹”。

鸳鸯炮弹，学名叉斑锉鳞鲀，又名尖吻棘鲀，隶属于硬骨鱼纲鲀形目鳞鲀科锉鳞鲀属。它们的身体呈椭圆形，头大嘴尖，眼睛很靠后，位于背鳍前方并紧靠背部边缘。鸳鸯炮弹成体色彩鲜艳，身体中央有一个大的黑褐色斑块，格外明显。在斑块的周围有数条彩色条纹向背部和腹部延伸，第一背鳍基部为黑色，第二背鳍基部至身体中部有一条橙色带，腹部为特有的白色条纹，嘴部有黄色条纹环绕，眼部有若干蓝色条纹。幼鱼的颜色稍显暗淡，整体呈灰色，头部贯穿眼睛至胸鳍有两条土黄色条带，边缘为蓝色；下巴至腹部为白色，尾柄有黑色横点花纹。

鸳鸯炮弹的食物主要包括海胆、贝类、硬壳虾等带壳生物，可谓“吃硬不吃软”。不要因为这些食物具有坚硬的外壳而担心鸳鸯炮弹的食欲，它们会利用自己锋利的牙齿巧妙地将这些猎物的硬壳打开，然后一饱口福。牙齿是鸳鸯炮弹征服猎物的有力武器，而对于海水观赏爱好者而言，鸳鸯炮弹的牙齿简直就是他们的噩梦。因为随着鸳鸯炮弹一天天长大，它们需要啃食活石和珊瑚来磨损不断生长的牙齿，这对于礁岩缸而言简直是毁灭性的打击。

拉丁学名：*Rhinecanthus aculeatus*（Linnaeus，1758）。

英　文　名：Humu picasso triggerfish，White-banded triggerfish，Picassofish。

俗　　　名：鸳鸯炮弹、毕加索炮弹。

分　　　布：分布于印度洋和太平洋海域，菲律宾至密克罗尼西亚岛，我国常见于南海珊瑚礁周边海域。

保护级别：未予评估（NE）。

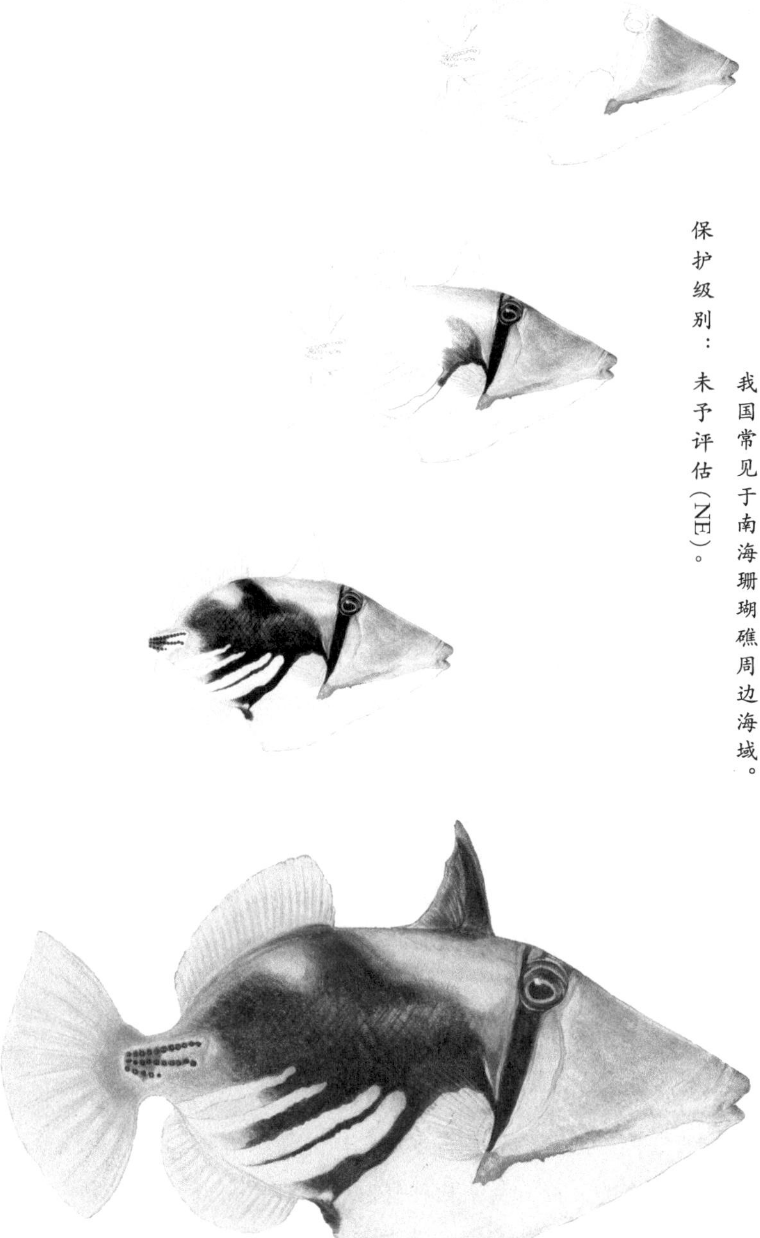

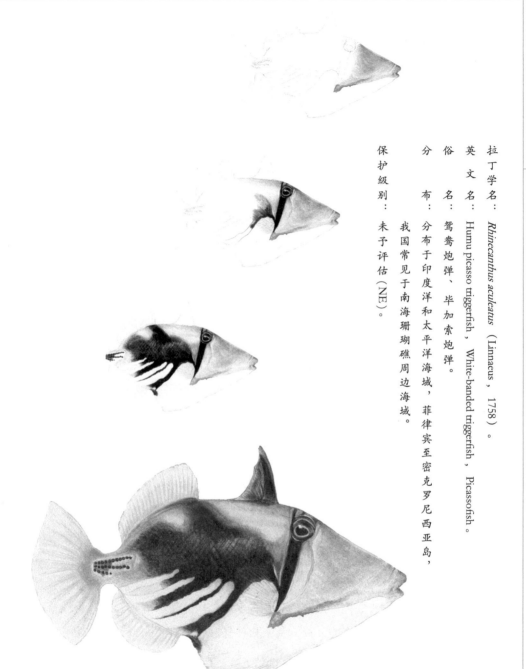

『好斗小丑』花斑拟鳞鲀

鲀形目中有许多鱼类外形奇特，颜色艳丽，很符合海洋馆对展出鱼类的要求。小丑炮弹就是其中之一。小丑炮弹，学名为花斑拟鳞鲀，隶属于硬骨鱼纲鲀形目鳞鲀科拟鳞鲀属。它们的身体扁平，呈长椭圆形，体长可达50厘米。幼鱼全身布满斑点，长成成鱼后，胸鳍以上的斑点便会逐渐消失，体色逐渐加深，眼睛藏在深色的头部之中。它们的眼睛下方有一条浅色色带，有欺敌的作用，能使捕食者误以为是眼睛，从而避免眼部受到直接攻击。

花斑拟鳞鲀在睡觉和感受到危险时，会躲进具有小入口的礁洞中，并将背上的硬棘撑直，把身体卡在洞穴中，以增加捕食者捕食的难度，进而保护自己。竖立起来的硬棘犹如枪支的扳机，而圆滚滚的体形和如盔甲般厚实的外皮像极了炮弹，模样十分滑稽，因此它们有“小丑炮弹”“花斑拟扳机鲀”的别称。

花斑拟鳞鲀的肉有毒，为非食用鱼；但其色彩鲜艳，在观赏鱼市场上颇受消费者喜爱，很适合饲养在家庭水族箱中。花斑拟鳞鲀幼体腹部的白色斑点显得非常抢眼，当它们像直升机那样悬停在水族箱的某个区域时，看上去格外可爱。如果你临近观察它们，它们就会转动眼睛审视你的动作；如果你伸出一根手指在玻璃上划动，它们便会过来跟随你的动作旋转。但是值得提醒的是，花斑拟鳞鲀是最凶猛的鱼类之一，经常欺负其他种类的鱼，在空间不足时尤其明显。因此，要保证有足够大的空间来饲养它们。同时，需要在水族箱中放置一些岩石，让它们有地方来磨损生长过快的牙齿。当它们休息时，有时会头下尾上悬浮不动或翻身平躺在缸底，让人感到惊慌，以为鱼儿得病了。其实这只是它们休息时的姿态而已，就如同黑魔鬼鱼一样，它们正在尽情地享受悠闲的美好时光呢！

【好斗小丑】花斑拟鳞鲀

拉丁学名：*Balistoides conspicillum*（Bloch & Schneider，1801）。

英　文　名：Bigspotted triggerfish，Clown triggerfish。

俗　　名：小丑炮弹、皇冠炮弹、花斑拟扳机鲀。

分　　布：分布于印度洋至太平洋海域，我国沿海均有分布。

保护级别：无危（LC）。

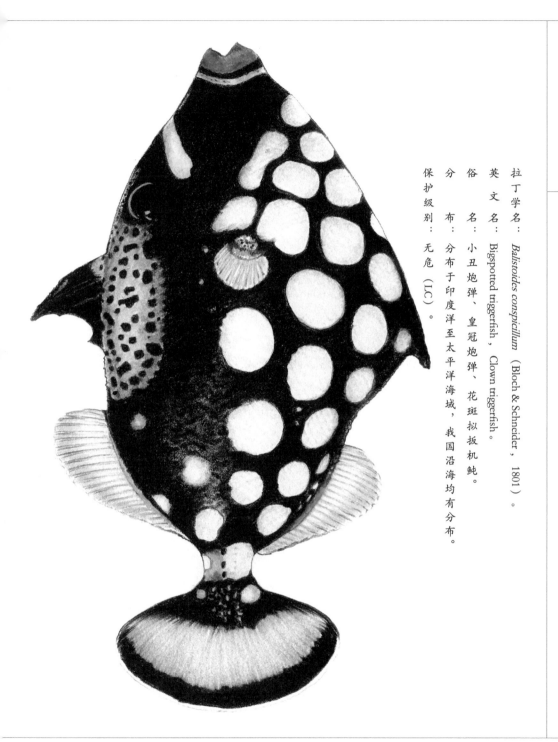

『剧毒美食』星点东方鲀

沿海网箱养殖业者很不喜欢鲀科鱼类出现在他们的网箱内，因为这些鱼会把网箱咬破，导致所饲养的鱼逃出去。因此，他们一旦发现网箱内有鲀科鱼类，第一时间便会把它们捞起来。这些捞起来的鲀科鱼类死亡后会被扔回海里，避免渔排上的猫狗误食中毒。

星点东方鲀，隶属于硬骨鱼纲鲀形目四齿鲀科东方鲀属。它们的身体呈圆筒形，体表覆盖着由鳞片特化而来的细棘；腹部为白色，背部呈暗绿色或褐红色，并散布着许多淡色的圆斑点；它们体侧近胸鳍部位以及背鳍基底各有一块黑色大胸斑，各鳍呈黄色，尾鳍后缘为橙黄色；口小而钝圆，牙齿与上下颌骨愈合形成 4 个牙板，咬合力极强，在海钓过程中时常出现子线被其咬断的情况。

星点东方鲀常生活于近海底层，喜欢栖息在沿岸海草丛生的沙砾底海域和河口附近的岩礁区，以甲壳类、软体动物等为食。繁殖期间，成鱼会聚集在沿岸砾石区产卵受精。它们游动缓慢，受惊吓时会吸入大量空气或水，将身体鼓胀成圆球状，以吓退捕食者。但在人们的眼中，这种膨胀后的样子十分可爱，使其常常被当作宠物饲养。

星点东方鲀可食用，但是需要强调的是该鱼除肌肉外，其肝、肠、卵和皮肤均有剧毒，精巢有强毒。据报道，整条鱼的毒性可达 10 万单位，一条鱼可毒死一头 100 千克以上的猪。为什么星点东方鲀会有如此强烈的毒性呢？科学研究发现，原来它们的体内含有一种名为河鲀毒素的物质，该物质是一种天然的生物碱类神经毒素，通过与肌肉、神经等组织的电压门控钠离子通道结合，抑制钠离子通过，阻止组织正常行使功能。人中毒的症状有口舌麻痹、头痛恶心，并伴随呕吐、肌肉无力。严重者会陷入昏迷，呼吸衰竭甚至死亡。若想品尝星点东方鲀的美味，就一定要去具有加工资质的正规餐厅用餐。

拉丁学名：*Takifugu niphobles*（Jordan & Snyder，1901）。

英 文 名：Starry puffer，Grass puffer。

俗　　名：星点河鲀、龟鱼、日本河鲀、金规等。

分　　布：分布于中国东海和日本南部沿岸较深海域。

保护级别：无危（LC）。

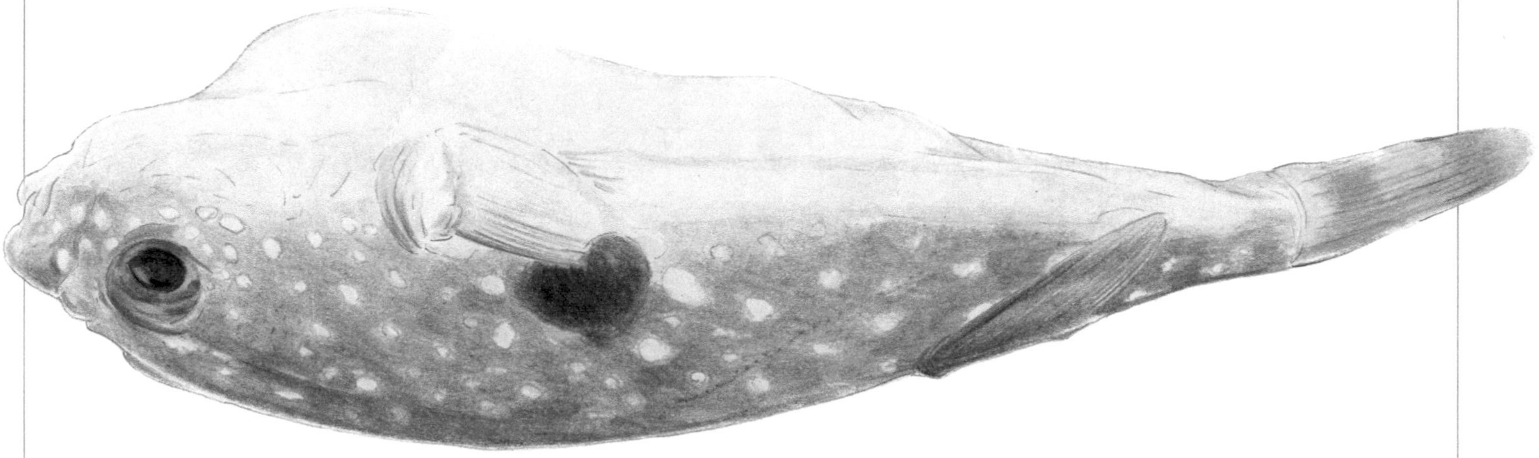

『诱惑难当』黄鳍东方鲀

群聚的黄鳍东方鲀具有很高的观赏性，它们身上的斑纹和黄色鳍条在水里形成一个个彩团，格外引人注目。黄鳍东方鲀，隶属于硬骨鱼纲鲀形目四齿鲀科东方鲀属。它们的身体呈亚圆筒锥形，头胸部粗圆，略微侧扁，躯干后部逐渐变细，尾柄呈圆锥状；它们的吻短而钝圆，上、下颌牙呈喙状，牙齿与上、下颌骨愈合，形成 4 个大牙板，中央缝明显。与绝大多数鱼类不同，黄鳍东方鲀没有鳞片和腹鳍，它们最明显的特征是背鳍基底有一个蓝黑色椭圆形大斑，腹面为白色，各鳍边缘为浅黄色。

黄鳍东方鲀为暖温性近海底层中大型鱼类，体长 20~50 厘米，大的可达 60 厘米。它们主要摄食贝类、甲壳类、棘皮动物和鱼类等。黄鳍东方鲀喜欢集群生活，有洄游习性，每年 2 月从外海游向近岸，10 月左右又由近岸向外海洄游越冬。幼鱼栖息于咸淡水中，冬末性腺开始成熟，多在春季产卵。渔民多用延绳钓、拖网、定置网和流刺网等方法捕获黄鳍东方鲀。有意思的是，黄鳍东方鲀的大板牙十分锋利，经常能咬断钓钩、绳丝及网具而逃脱。跟绝大多数鲀科种类一样，黄鳍东方鲀遇险时会吸入大量空气或水使身体膨胀，呈球状浮于水面，使自己看上去更加强大，从而达到自卫的目的。它们圆滚滚的身体确实非常可爱，让人忍俊不禁！

黄鳍东方鲀的营养丰富，味道鲜美，被日本、韩国等国奉为上等水产品。但是需要提醒大家的是，黄鳍东方鲀的卵巢、肝脏等因含河豚毒素而具有强毒，误食可致命，因此，食用时一定要选择具有加工资质的正规餐厅。

拉丁学名：*Takifugu xanthopterus*（Temminck & Schlegel，1850）。

英 文 名：Fugu rubripes，Pufferfish。

俗　　名：黄鳍河鲀、花河豚、花龟鱼、乖鱼、红目乖、卡草留街等。

分　　布：分布于太平洋西北部，包括日本、韩国、朝鲜海域；我国南海、黄海、渤海、东海以及台湾东北部海域均有分布。

保护级别：无危（LC）。

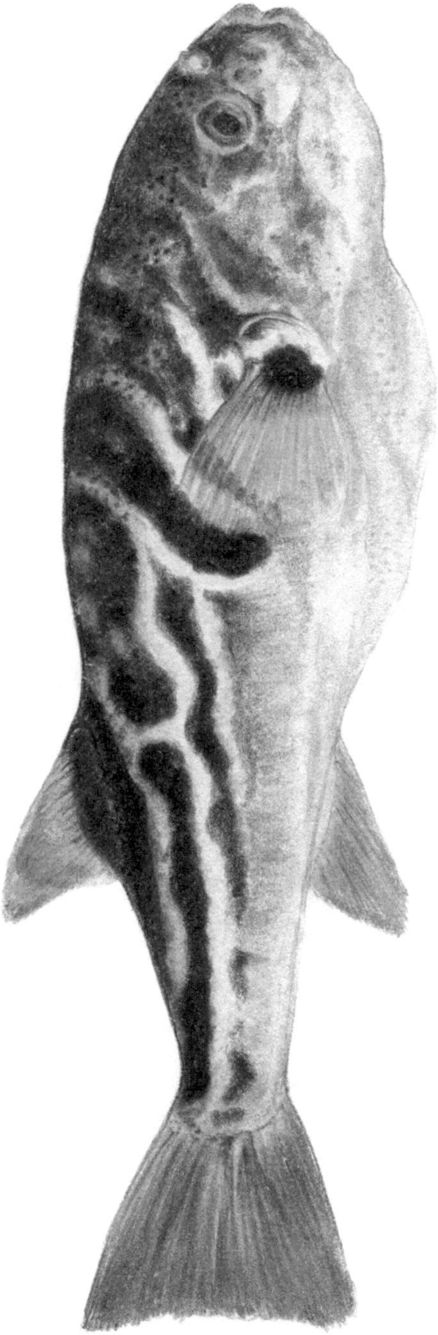

『火锅浪子』绿鳍马面鲀

重庆有一种知名度很高的海鲜，几乎每个重庆人都吃过。这种鱼可红烧、油炸，当然更是重庆人喜爱的火锅食材。白色的鱼肉在红彤彤的火锅老汤中翻滚，最让人兴奋的时刻莫过于在焦急的等待之后夹起来触碰舌尖的瞬间。这种鱼在重庆很流行，以至于相当一部分重庆人误认为它们是鱼塘里养的淡水鱼。这种鱼便是绿鳍马面鲀，当地俗称耗儿鱼、剥皮鱼、橡皮鱼等。

绿鳍马面鲀，又名七带短角单棘鲀，隶属于硬骨鱼纲鲀形目单角鲀科马面鲀属。它们的身体扁平，呈长椭圆形，与马面相似；又因其第二背鳍、臀鳍、尾鳍和胸鳍均呈绿色，故名“绿鳍马面鲀”。它们的身体两侧具有不规则的暗色斑块，无侧线；体长一般为 12~29 厘米，体重为 400 克左右。和其他鲀类一样，绿鳍马面鲀头短，口小，牙齿十分尖锐且强劲有力。它们的皮肤上布满坚硬细小的鳞毛，十分强韧，因此须先剥皮才可食用，故其又被称作“剥皮鱼”。

绿鳍马面鲀为暖温性底层鱼类，栖息于水深 50~120 米的海区，喜欢集群，在越冬及产卵期间有明显的昼夜垂直移动现象（白天起浮，夜间下沉）。绿鳍马面鲀的产卵期在春末，孵化后不久的稚鱼随着马尾藻等流藻一起生活，以小虾、小蟹和挠足类等为食。长到 5 厘米左右时，它们就游于岸边海藻之间，以横虾为食；此后则移到 8~30 米深的岩礁地带栖息，以甲壳类和贝类为食；至 10 厘米左右即可成熟。

绿鳍马面鲀为我国东海重要的经济鱼类之一，其年产量仅次于带鱼。这种鱼的营养丰富，味道鲜美，可供鲜食或加工成鱼干，也可以经深加工制成美味的烤鱼片畅销国内外，是我国重要的出口水产品之一。

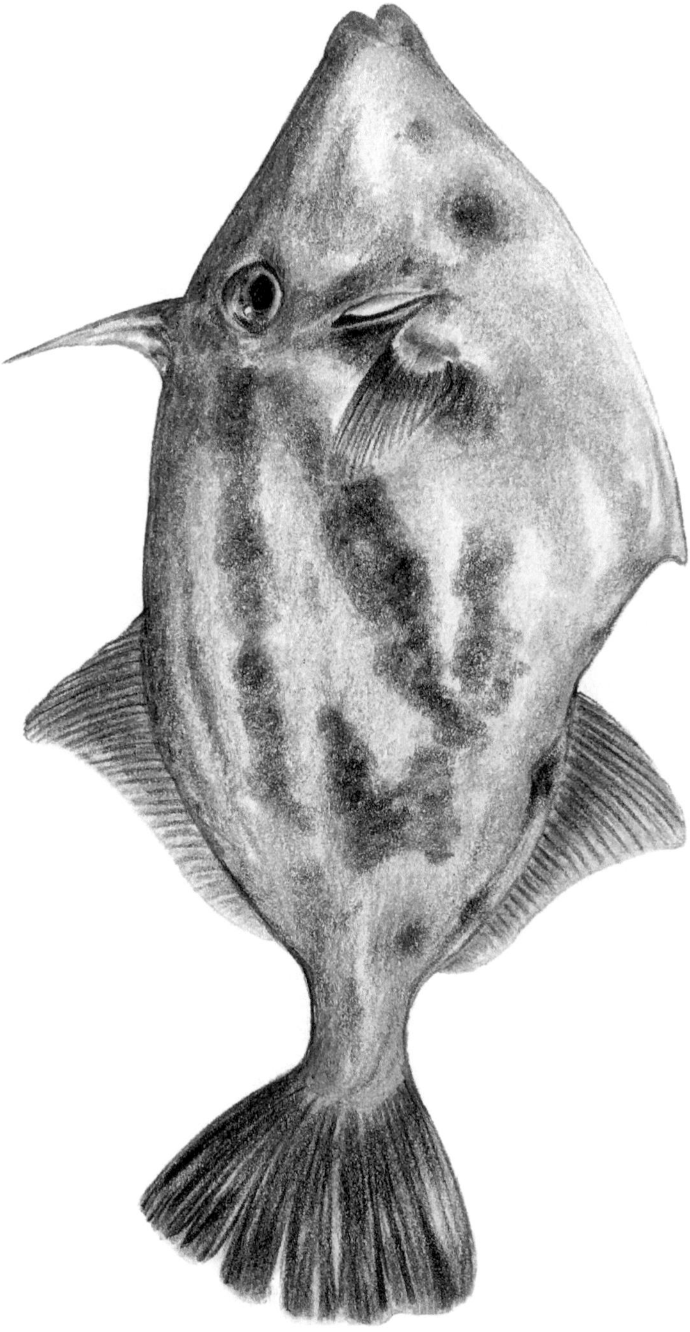

拉丁学名：*Thamnaconus modestus*（Günther，1877）。

英 文 名：Bluefin leatherjacket，Black scraper。

俗　　名：剥皮鱼、橡皮鱼、皮匠鱼、马面鲀、耗儿鱼等。

分　　布：分布于印度洋至西太平洋海域，我国主要产于东海、黄海和渤海，其中东海的产量最高。

保护级别：无危（LC）。

『以量为继』翻车鲀

台湾花莲外海一带有数个定置渔网，经常会捕到误入网内的翻车鱼。当地规定，小于 30 厘米的翻车鱼必须放回大海，只有超过 30 厘米的翻车鱼才能捕捞。花莲街上的许多摊点都有“曼波鱼丸”的字样，实际上就是用翻车鱼肉制作的鱼丸，而曼波则是当地人对翻车鱼的俗称。

翻车鱼，隶属于硬骨鱼纲鲀形目翻车鲀科翻车鲀属。它们的形态非常独特，体形很高，但又很短，侧扁。从侧面看，它们呈椭圆形，而正视或俯视时发现它们又是扁平的。它们的腹鳍和尾鳍完全退化，连尾椎骨都没有了；身体后端到背鳍和臀鳍的地方就结束了，看上去似乎被切掉了一半，因此，这种鱼也被称作“头鱼”。

翻车鱼是河豚科的巨型亲戚，成体可长达 3 米，重达 3000 千克。对于体形如此庞大的翻车鱼，你可能想不到它们的幼鱼只有 0.25 厘米长，把它们称为动物界的生长冠军一点也不为过。由于翻车鱼没有腹鳍和尾鳍，加上身体笨重，因此它们不善游泳，时常遭到海洋中的其他鱼类和海兽虐杀。演化上如此“失败”的翻车鱼为什么没有灭绝呢？原来翻车鱼具有强大的繁殖能力。据研究，一条雌鱼一次可产约 3 亿枚卵，比正常鱼类高出几个数量级，更是秒杀各种陆生脊椎动物。当然，这种广种薄收的繁衍方式必定会导致其成活率低下。不过，即便受精卵发育为成鱼的成功率不到百万分之一，如此巨量的卵也足以保证这些“海怪”的种族延续。

拉丁学名：*Mola mola*（Linnaeus，1758）。

英 文 名：Ocean sunfish。

俗　　名：翻车鱼、头鱼、太阳鱼、月亮鱼、曼波鱼等。

分　　布：主要分布于热带和温带海域，我国主要分布于南海和东海。

保护级别：未予评估（NE）。

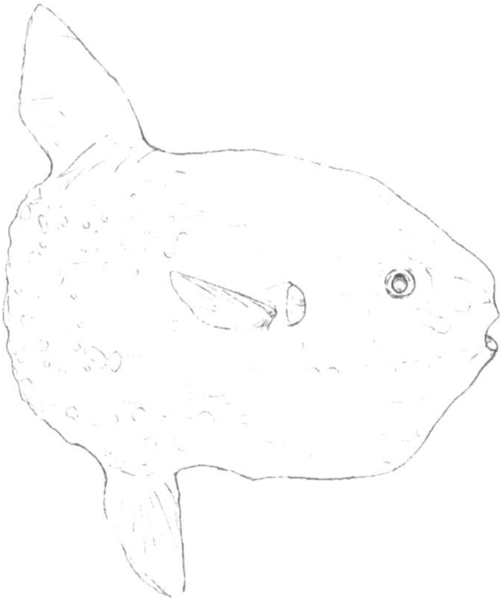

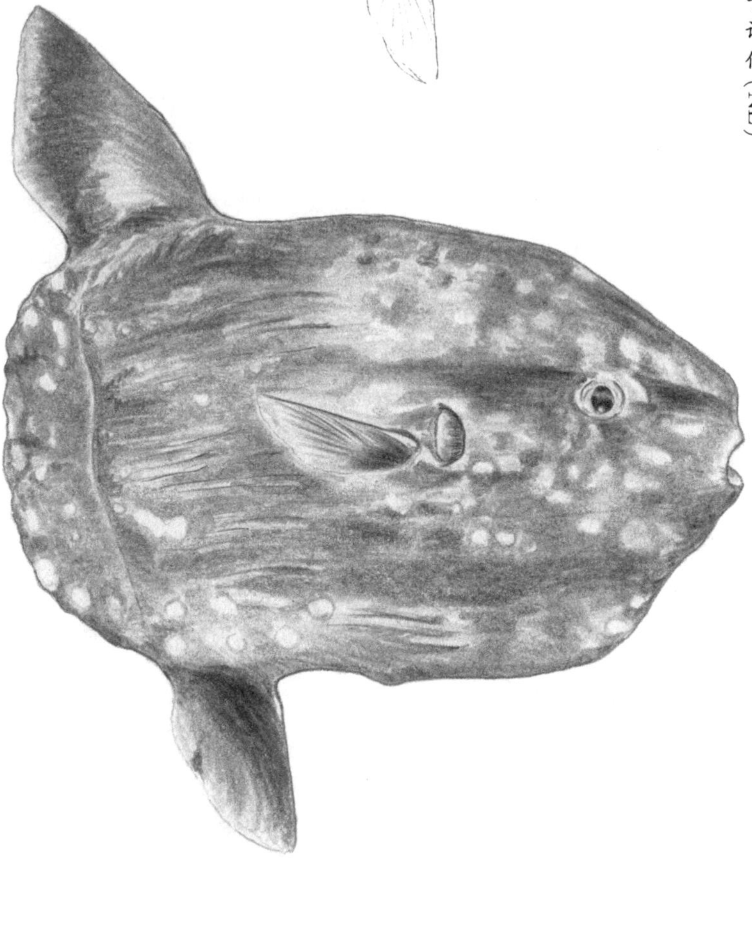

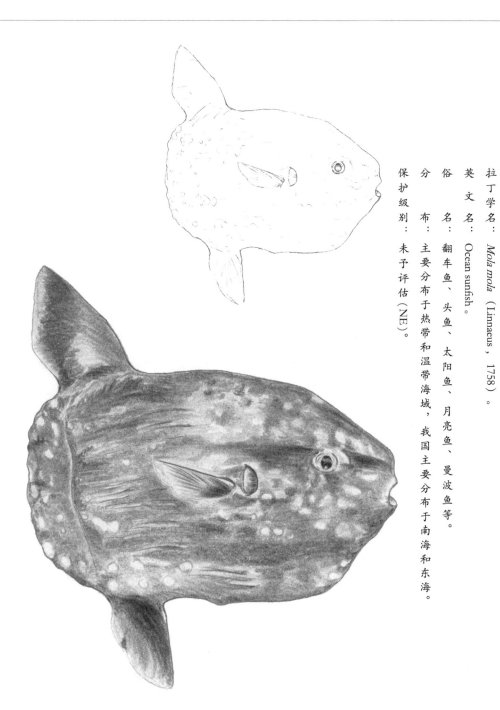

『虾中霸主』口虾蛄

到了皮皮虾上市的季节，像大连、秦皇岛、青岛、日照等沿海城市的海鲜餐厅门口的水族缸内必定会有皮皮虾，皮皮虾清蒸和炒辣子皆宜。上桌后，一边剥，一边摆龙门阵，快活得很！不过剥皮皮虾和剥小龙虾一样让人着急不得，稍不注意就会划伤手指！

皮皮虾，学名为口虾蛄，隶属于节肢动物门甲壳纲口足目虾蛄科口虾蛄属。它们的头部与胸部的前四节愈合，背面头胸甲与胸节非常明显；头部前端有一对由颚足特化而来的螳臂状捕捉足、一对具有眼柄的复眼以及两对触角；腹部为 7 节，最后一节（尾节）与尾肢形成扁平的尾扇。

无论是皮皮虾还是濑尿虾，虽然这些俗名里都带有“虾”字，但其实它们与虾类差得还真有点远。虽然它们都属于甲壳纲，但虾类属于十足目，而虾蛄则属于口足目。口虾蛄所属的琼虾类起源于中生代的侏罗纪，在长达 4 亿年的演化历程中，仍然保持着较原始的面貌。在如此漫长的历史进程中能够以不变的姿态来面对凶险的海洋世界，口虾蛄必然有其过人之处。

平日里，口虾蛄喜欢静静地穴居在 5~60 米深的浅海中，但是遇到来犯者时，它们会将坚硬带刺的尾扇伸到洞口作为防御武器。捕食时，口虾蛄可称得上脾气暴躁而又凶狠的角色。据报道，它们在自然界中的攻击速度排名第二，仅次于大齿猛蚁。口虾蛄拥有一对强有力的螳臂状捕捉足，加上它们十分敏锐的视力和善于埋伏的特点，所以可以轻松捕获猎物，击败挑战者。

当然，口虾蛄再厉害也挡不住人类对美食的追求。口虾蛄是一种营养丰富、汁鲜肉嫩的海味食品，其肉质含水分较多，肉味鲜甜嫩滑，淡而柔软，并且有一种特别诱人的鲜味。每年 4~5 月，雌性口虾蛄的卵巢发育成熟并从头胸部一直延伸到尾节，巨大的怀卵量也让这个季节的皮皮虾成为了众人所趋的美味。

拉丁学名：*Oratosquilla oratoria*（De Haan，1844）。

英 文 名：Mantis shrimp。

俗　　名：螳螂虾、皮皮虾、濑尿虾、虾婆、琵琶虾、虾爬子、官帽虾等。

分　　布：广泛分布于西太平洋海域，我国沿海均有分布。

保护级别：未予评估（NE）。

『经济能手』日本对虾

斑节虾体色鲜艳，比黑乎乎的草虾和虎虾都要好看得多。斑节虾可以清蒸、油焖，也可以串烧或做寿司，无论哪一种，味道都十分鲜美。斑节虾，学名为日本对虾，隶属于节肢动物门甲壳纲十足目对虾科日本对虾属。斑节虾的体色在常见对虾中是最鲜艳的，其体表具有土黄色和蓝褐色相间的鲜明横斑，尾肢横带则为棕色，尾尖为鲜艳的蓝色，像蝴蝶一样美丽。好多人容易把斑节虾当成斑节对虾（它们的名字只相差一个字），其实用一个很简单的方法就能轻松将它们区分开：看尾巴末端是否有鲜艳的蓝色。有蓝色尾尖的是斑节虾，没有蓝色尾尖的便是斑节对虾。

斑节虾栖息于10~40米深的海域，喜欢在波浪较小的海湾内沙质泥底活动，具有较强的潜沙特性。它们白天潜伏在3厘米左右深的沙底内，夜间在水中索饵。斑节虾在觅食时常在水下层缓慢游走，有时也游向中上层。

斑节虾的营养丰富，蛋白质含量是鱼、蛋、奶的几倍到几十倍，同时还含有丰富的钾、碘、镁、磷等矿物质及维生素A、氨茶碱等成分，而且其肉质和鱼肉一样松软，易消化，不失为老年人和身体虚弱者的营养佳品。

斑节虾是日本最重要的对虾养殖品种，在中国福建、广东等南方沿海已养殖20余年。这种虾的甲壳较厚，耐干性强，适于活体运销，利润较高，是海鲜市场上非常受欢迎的产品。

拉丁学名：*Penaeus japonicus* Spence Bate，1888。

英　文　名：Kuruma prawn。

俗　　　名：花虾、竹节虾、花尾虾、斑节虾、车虾。

分　　　布：广泛分布于印度洋和西太平洋海域，以日本沿海数量最多；我国江苏以南沿海也有少量分布。

保护级别：无危（LC）。

『美味横行』三疣梭子蟹

生活在黄海和渤海边上的人在年轻时可能都干过同一件事，那就是拿起潜水面镜和呼吸管潜到海里寻找梭子蟹。运气好的话，一上午就可能抓到一小桶蟹子，带回家满满的成就感。

三疣梭子蟹，隶属于节肢动物门甲壳纲十足目梭子蟹科梭子蟹属。从名字上不难想象这种海蟹的模样，“体形像梭子，背部有突起”，更为专业的描述为“头胸甲呈梭形，胃和心区背面有 3 个显著的疣突”。不同于大家常见的大闸蟹（中华绒螯蟹），梭子蟹最大的特点是末对步足已特化成桨状的游泳足，适于游泳。它们的游泳足的颜色与其螯足一样，呈亮丽的蓝色。

甲壳动物的体表一般都会有一层几丁质的外壳，而这层外壳不能随着身体的长大而长大，因此存在蜕壳现象。梭子蟹的寿命虽然只有 1~3 年，但一生要蜕壳十几到几十次。每次蜕壳之后，新壳还很软，此时梭子蟹的防御和战斗能力自然非常弱，因此，它们常躲藏在岩石之下或海草之间。一般经过 2~3 天，新壳就会变硬，这时梭子蟹就可以“重出江湖”了。

如何分辨螃蟹的性别？最简单明了的方法莫过于“看肚脐”。雌蟹的腹部圆大，俗称“团脐”；而雄性的腹部呈瘦窄的三角形，俗称“尖脐”。梭子蟹富含多种人体必需的氨基酸以及各种饱和脂肪酸和不饱和脂肪酸，可谓营养丰富。此外，螃蟹甲壳中的几丁质在医学上可以降低胆固醇，预防心脑血管疾病。在美容方面，几丁质可以修复细胞，缓解肌肤过敏症状，其抗氧化能力能够抵御肌肤细胞的衰老。

拉丁学名：*Portunus trituberculatus*（Miers，1876）。

英 文 名：Swimming crab，Japanese blue crab，Gazami crab。

俗　　名：梭子蟹、白蟹。

分　　布：主要分布于日本、朝鲜、中国和马来西亚群岛等的沿海海域，我国的主产区为渤海、黄海和东海。

保护级别：无危（LC）。

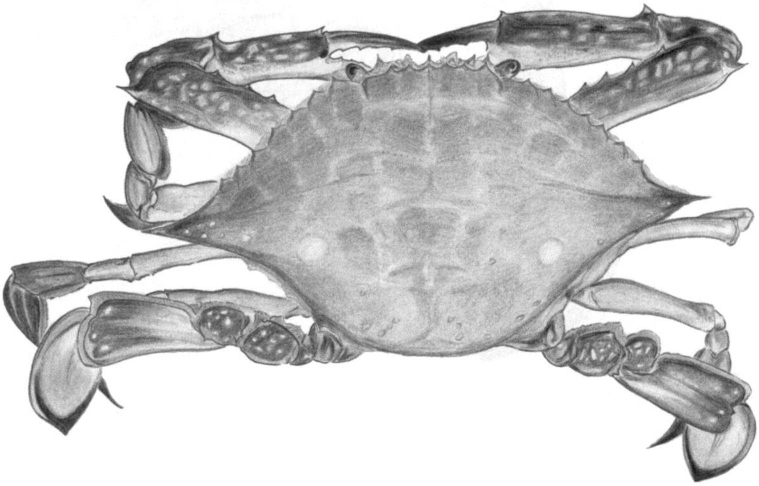

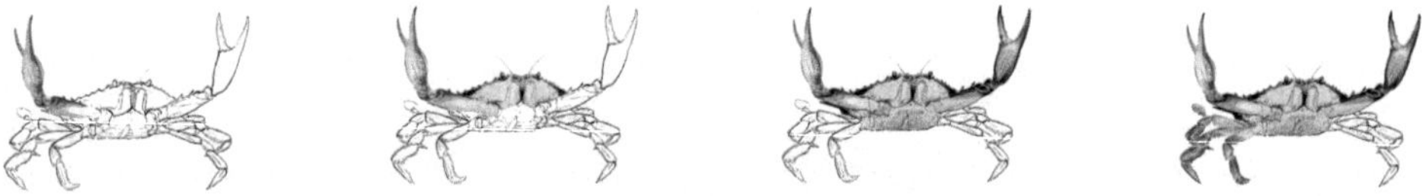

『蟹中潘安』远海梭子蟹

在我国东南沿海的很多地方，有一种集颜值和美味于一身的梭子蟹。它们色彩斑斓（雌雄体色差异较大），肉味鲜美，当地人习惯称它们为“兰花蟹”。兰花蟹，学名为远海梭子蟹，隶属于节肢动物门甲壳纲十足目梭子蟹科梭子蟹属。它们的头胸甲呈横卵圆形，外壳表面有粗糙的颗粒（雌性的颗粒比雄性显著），颗粒之间有软毛；头胸甲、螯足和步足均具有白斑或云纹；它们的螯足十分瘦长，尤其是雄性螯足的长度约为头胸甲长度的 4 倍。

远海梭子蟹雌、雄成体在体色和外形上都有明显的区别。除螯足和各步足前节为深蓝色外，雄性其余的部位基本上都是分布着浅蓝色和白色花纹的蓝绿色。这一特点是雌性和其他普通梭子蟹所没有的。雌性整体颜色为黄棕色，头胸甲上的斑纹较少，只有后部的小部分伴有白色花纹。此外，雄性的腹部为窄三角形，而雌性的腹部在交配后呈椭圆形（交配前为等腰三角形）。因此，通过雌性腹部的形状也可以推测其是否进行过交配。

远海梭子蟹喜欢生活在泥质或沙质海底，常常将身体潜伏在泥沙中伏击从面前游过的鱼虾。它们的螯肢为切割型，可以很好地捕捉猎物；最后一对步足演化成游泳足，因此它们非常善于游泳。远海梭子蟹的肉质鲜美，深受消费者喜爱；同时其表面的云纹与其他部分的蓝色相互映衬，异常美丽，具有较高的观赏价值。

拉丁学名：*Portunus pelagicus*（Linnaeus，1758）。

英 文 名：Pacific blue swimming crab，flower crab。

俗　　名：花蟹、兰花蟹、花脚市仔等。

分　　布：分布于印度洋和西太平洋海域，我国多见于东南沿海。

保护级别：无危（LC）。

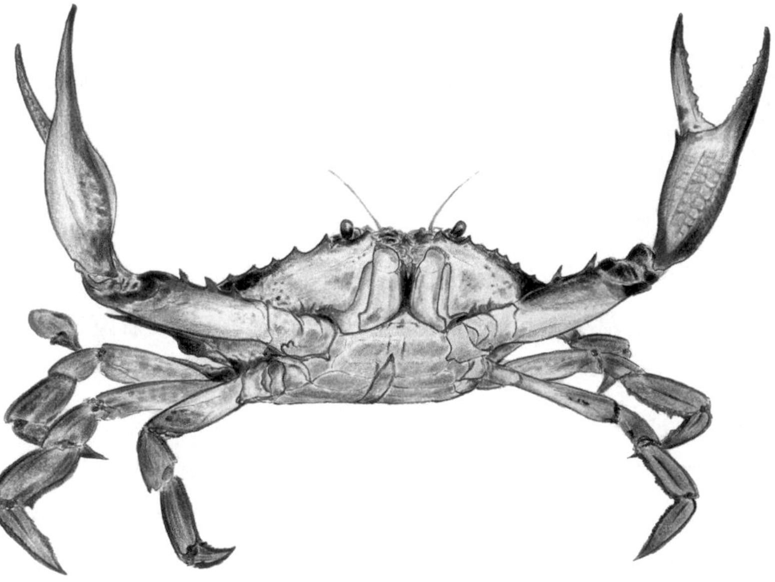

『海中人参』日本蟳

能够堂而皇之地走上青岛市民餐桌的海蟹有两种，一种是三疣梭子蟹，另一种是日本蟳。三疣梭子蟹自不必多说，个大肉多，脂膏肥满，不但是北方海蟹的主力军，而且是全国最重要的食用海蟹。虽然日本蟳的个头不及梭子蟹，名头略小，但它们的味道绝不输于梭子蟹，同样圈粉无数。青岛人一般称日本蟳为“石夹红”，大连人称其为“赤甲红”。到底是“夹”还是“甲”？对于只求吃个爽快的食客来说，这个问题已不重要。

日本蟳，隶属于节肢动物门甲壳纲十足目梭子蟹科蟳属。它们的头胸部宽大，身披坚硬的扇状甲壳，背面呈灰绿色或棕红色。它们的腹部退化，折伏于头胸部下方，无尾节和尾肢。跟其他蟹类一样，雌性的腹部呈圆形，雄性的腹部呈三角形。它们有 5 对胸肢，其中第一对为强大的螯足，用于捕食和防御；第二对至第四对长而扁，末端呈爪状，适于爬行；最后一对扁平且较宽，末端呈片状，适于游泳。

日本蟳生活在浅海，喜欢栖息在海边沙滩的碎石下或石隙间，常捕食小鱼虾和小型贝类，有时也以动物的尸体和水藻等为食。日本蟳的肉质鲜美，营养丰富，富含 18 种氨基酸，素为筵席上的佳肴。性腺成熟的雌蟹（俗称红蟳）有“海中人参”之誉，是产妇和身体虚弱者的高级补品。除食用外，日本蟳还具极高的药用价值，其肉和内脏可用于治疗疥癣、皮炎、湿热、产后血闭，长期食用具有利水消肿、去斑美容之功效，称得上优良的美容保健食品。

拉丁学名：*Charybdis japonica*（A. Milne-Edwards，1861）。

英文名：Japanese stone crab，Asian paddle crab。

俗名：赤甲红、石夹红、花盖蟹、石钳爬、石蟹等。

分布：广泛分布于日本、朝鲜、东南亚等地的沿海岛礁区及浅海水域，我国沿海均有分布。

保护级别：无危（LC）。

『海中瑰宝』红珊瑚

红珊瑚，隶属于刺胞动物门珊瑚纲柳珊瑚目红珊瑚科红珊瑚属。红珊瑚为水螅型群体动物，个体直径一般为 0.5 毫米 ~2 厘米，每个个体都具有 8 个羽状触手和 8 个不成对的隔膜；能形成骨骼，骨骼多在体内，或由体内生成后伸向体表。它们具有钙质中轴骨，呈树枝状，但不在一个平面上。骨骼呈淡粉红色至深红色。除中轴骨外，红珊瑚均有分布在中胶层中的钙质骨针，常与造礁珊瑚生活在一起。

红珊瑚是珊瑚纲中能形成骨骼的种类，骨骼由体表分泌而成。骨骼的成分为碳酸钙，骨质坚硬。红珊瑚生活在热带浅海中，所形成的石灰质骨骼不断在浅海区堆积，并与其他形成钙质骨骼的动植物（例如软体动物、腕足动物、棘皮动物、石灰藻等）一起经过地质年代的堆积作用，在海洋中形成礁石、岛屿。

红珊瑚色泽喜人，质地莹润。红珊瑚与珍珠、琥珀并列为三大有机宝石，在东方佛典中亦被列为七宝之一，自古即被视为富贵祥瑞之物。中国古代皇帝的朝珠即由红珊瑚制成。用红珊瑚制成的饰品极受收藏者喜爱，精品红珊瑚增值快，被收藏界人士所看重。

天然红珊瑚是由珊瑚虫堆积而成的，生长极其缓慢，不可再生。红珊瑚只生长在几个海峡（台湾海峡、日本海峡、波罗的海峡）和地中海中，受到海域的限制，所以红珊瑚极为珍贵。由于大量开采，红珊瑚的数量急剧减少，被列为中国一级保护动物。目前，红珊瑚是禁止捕捞和随意买卖的。

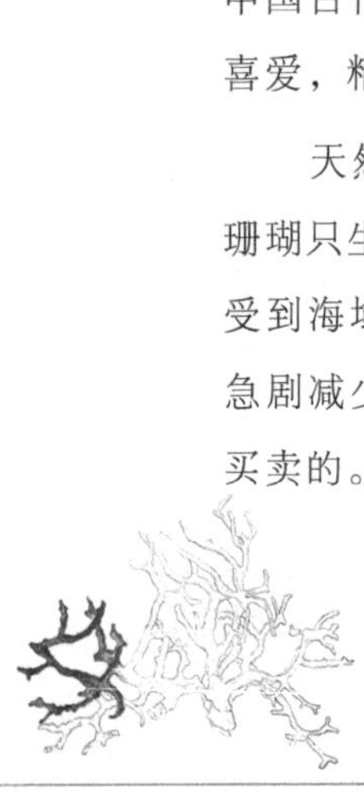

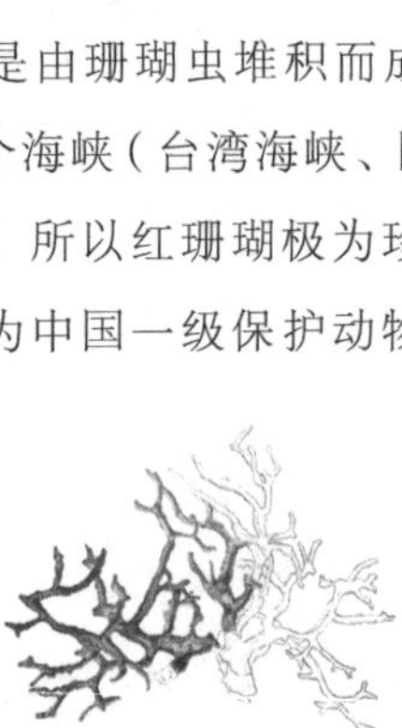

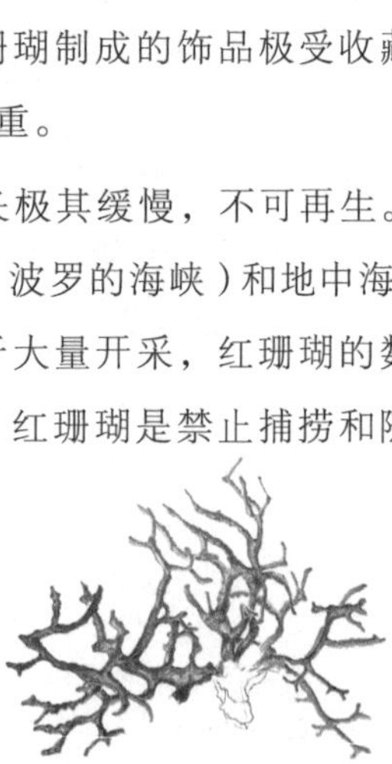

拉丁学名：*Corallium rubrum*（Linnaeus，1758）。

英 文 名：Red coral。

俗　　名：浓赤珊瑚、撒丁岛珊瑚。

分　　布：分布于温度高于20摄氏度的赤道及其附近的热带、亚热带海域，我国台湾海域和南海海域均有分布。

保护级别：被列为《国家重点保护野生动物名录》一级保护动物以及野生动植物贸易欧盟监管法规2005二级保护动物。

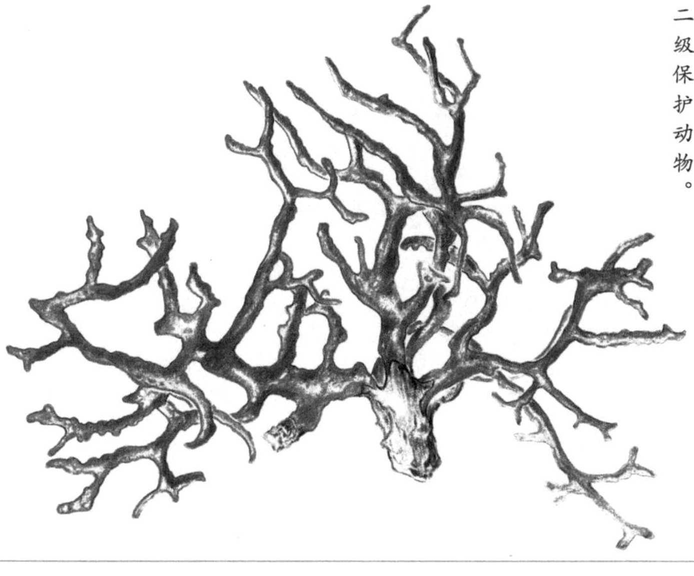

『蟹中泳将』红线黎明蟹

红线黎明蟹是一种个头较小、外形优雅的螃蟹，细白沙底的水族缸内出现这么一种螃蟹也是一件让人心情愉悦的事情。红线黎明蟹，隶属于节肢动物门甲壳纲十足目黎明蟹科黎明蟹属。它们的头胸甲近圆形，表面有6个不明显的疣状突起，密布着由紫红色的点连成的线；前半部紫红色的线常形成不完全的圆环，后半部紫红色的线常形成窄长的纵形圈套，它们因身上有紫红色的线条花纹而得名。它们的体色呈浅黄绿色，与甲壳上的紫红色线圈相映甚美，常被人们作为小宠物饲养。在饲养红线黎明蟹时，注意在水族缸底铺上一层底沙，这样可以使其变得安静一点。红线黎明蟹白天喜欢把自己埋在沙里，到了夜晚就会出来活动。

并不是所有的螃蟹都会游泳，但是梭子蟹科种类的末对步足都演化成了桨状的游泳足，它们十分擅长游泳。如果说梭子蟹是蟹类里的游泳高手，那么红线黎明蟹简直就是蟹类里的菲尔普斯了。相对于梭子蟹仅有一对步足特化成游泳足，红线黎明蟹的四对步足都已经演化成桨状，可以在水中随意上下翻飞，简直甩了梭子蟹好几条街，更不用说像大闸蟹这样的只会爬的同胞了。除了善于游泳外，红线黎明蟹在受到惊吓时还能用末对步足快速掘沙潜伏，将其头胸甲由后至前垂直埋于沙中，把整个身体隐藏起来。红线黎明蟹的整套动作十分敏捷，堪称游泳挖沙小能手。

拉丁学名：*Matuta planipes* Fabricius，1798。

英　文　名：Horned pebble crab，Flower moon crab。

俗　　名：黎明蟹。

分　　布：主要分布于东南亚、澳大利亚、伊朗湾、南非等地的海域，我国近海均有分布。

保护级别：无危（LC）。

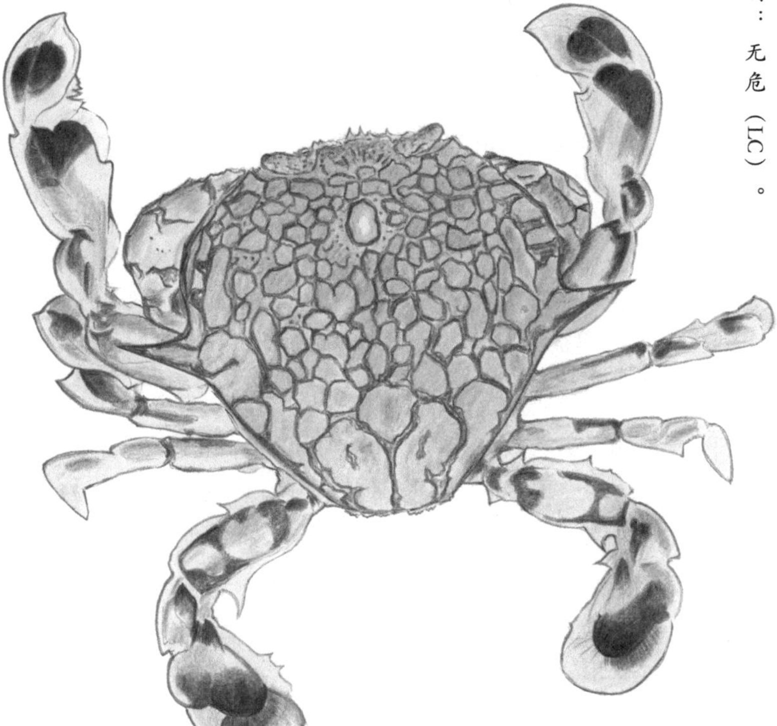

『背屋行者』灰白陆寄居蟹

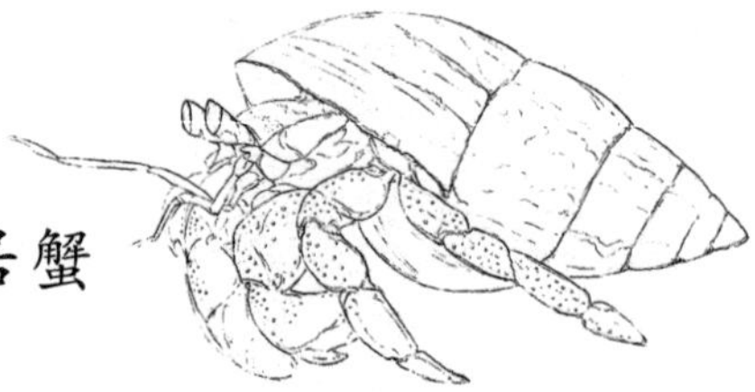

一望无垠的沙滩上，远远地望去仿佛有一个海螺在跑动。总觉得有些不对劲，拉近焦距仔细一看，螺壳下面竟然还长了脚！原来这个会跑的海螺是带着房子旅行的寄居蟹。

灰白陆寄居蟹，隶属于节肢动物门甲壳纲十足目陆寄居蟹科陆寄居蟹属。虽然名字里带有“蟹”字，但它们不是真正的螃蟹。在分类上，传统意义上的螃蟹属于短尾类（Brachyura），而陆寄居蟹等属于异尾类（Anomura）。和真正的螃蟹有铠甲保护的腹部不同，所有寄居蟹的腹部都十分柔弱，需要找到螺壳充当“庇护所”来保护自己。灰白陆寄居蟹是体色最多变的物种，它们的体色由深至浅，从灰绿、浅白到粉紫、黄棕，甚至橘红、红褐色等都有。它们的眼睛呈扁平的四方形，上陆1~2 年后，眼柄底部会出现黑褐色斑纹。 它们的左螯略大于右螯。

陆寄居蟹，顾名思义是指它们不是生活在海里，而是生活在陆地上。为了适应陆上的生活，它们的后腹部正膜质化，皮肤可以吸取空气中的氧气；它们的头胸甲、足部都长有纤毛，这有助于从空气中吸收水分，保持身体湿润。远离了大海的陆寄居蟹喜欢潮湿阴暗的环境，适应了昼伏夜出的生活。白天它们会躲藏在石缝、草丛或树荫中，避免太阳直射导致水分过度流失。夜间才是它们活动和觅食的时间。它们的食性很杂，各种藻类、植物根茎和动物尸体都在它们的食谱上，也因此被称为“海边的清道夫”。

近年来，陆寄居蟹越来越受到水族爱好者的青睐。但多数种类的人工繁殖技术仍未取得突破，加之环境污染和栖息地遭到破坏，野外种群数量急剧减少，部分种类已濒临灭绝。人们常说“没有买卖就没有杀害”，希望我们共同努力，善待这些可爱的精灵！

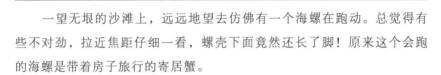

拉丁学名：*Coenobita rugosus* H. Milne Edwards，1837。

英 文 名：Wrinkled land hermit crab。

俗　　名：皱纹寄居蟹。

分　　布：分布于印度洋和太平洋海域，我国海南岛、西沙群岛、舟山六横岛及台湾等海域均有发现。

保护级别：无危（LC）。

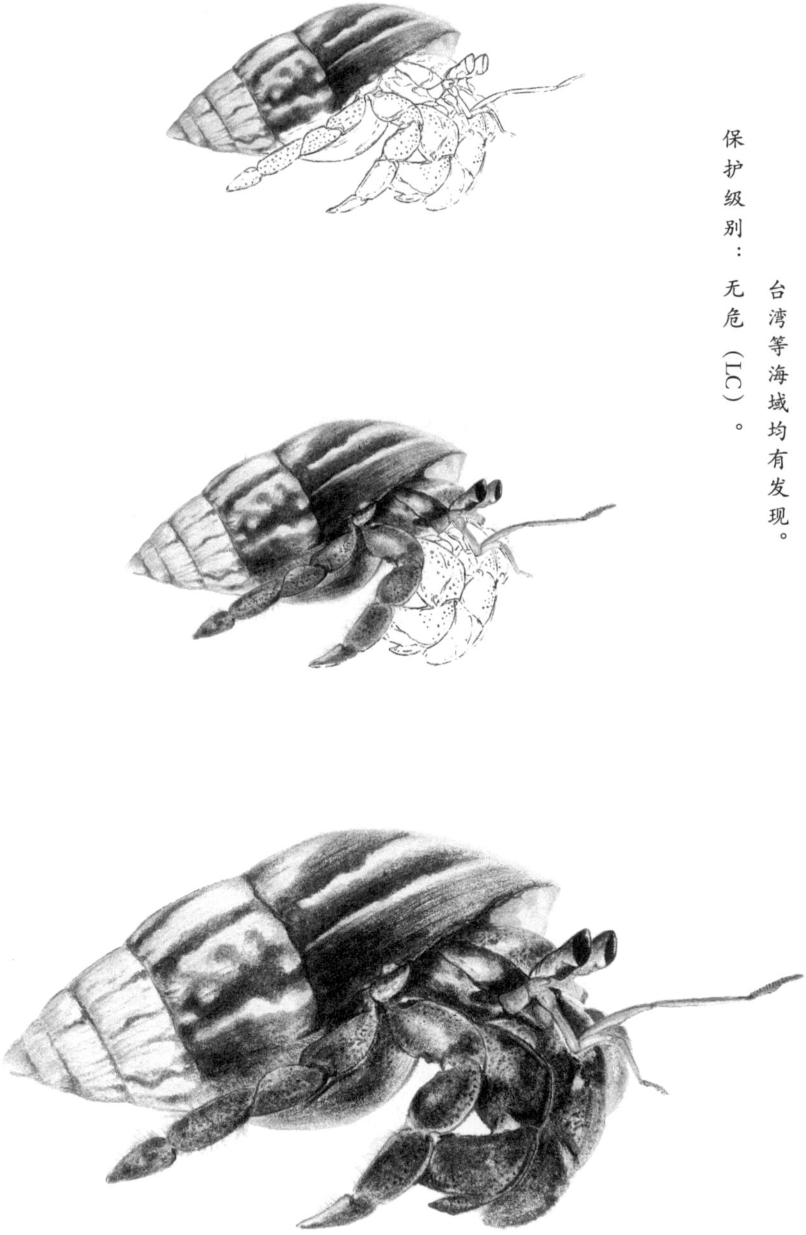

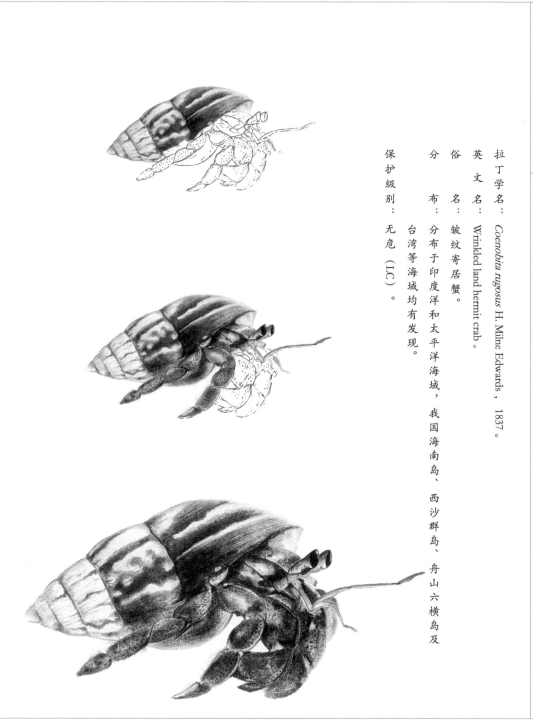

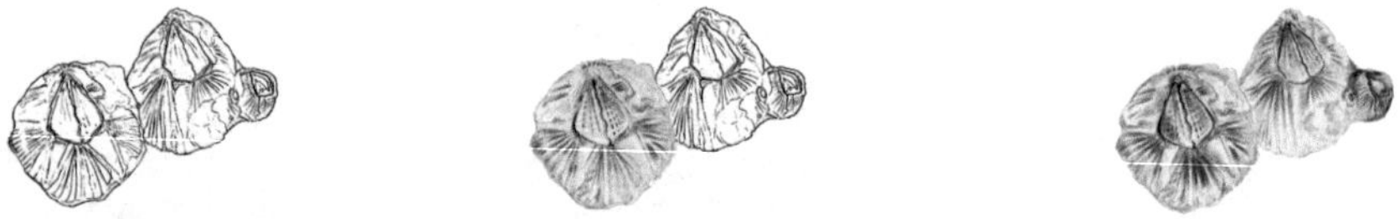

『死缠烂打』三角藤壶

有一种海洋生物，它们喜欢成群附着在海岸边潮间带的礁石上，使礁石变成白花花的一片；它们也经常附着在船底、浮标、养殖架以及各种水下设施上，对国防、港航建筑及水产养殖的危害极大，因而极受人们的重视。它们的个体不大，吸附力极强，能在同一个地方固着生活一辈子。因为它们的体表有坚硬的外壳，所以经常被误认为是贝类，其实它们是甲壳纲的一员。这种特殊的海洋生物就是藤壶。

三角藤壶，隶属于节肢动物门甲壳纲无柄目藤壶科藤壶属。它们的形状有点像马的牙齿，所以生活在海边的人经常称它们为“马牙”。它们的身体被包裹在钙质外壳里，外壳的形状像一座小火山，壳体呈倾斜的圆锥形，壳口呈三角形；顶部有 4 片由背板和盾板组成的活动壳板，壳板表面呈红色，纵向生长着许多白色的细肋。

三角藤壶坚硬的外壳由复杂的石灰质组成，4 片活动的壳板由肌肉牵引。在潮水涨没时，壳板就会徐徐张开，并伸出许多羽状蔓足，用于捕食海水中的浮游生物。而在潮水落下之后，壳板又会慢慢闭合。这样既可防止水分散失，又可抵御其他生物的侵扰。

三角藤壶为雌雄同体，但为异体受精。经过三四个月孵化，幼小的三角藤壶就会脱离母体，开启在大海中的旅程，寻找终身定居的落脚点。三角藤壶在寻找落脚点时并不会做出特别的选择，只要是质地坚硬的物体均有可能被它们附着，如近岸的礁石、码头以及船底等，甚至在鲸、海龟、螃蟹以及一些贝类的体表也可以看到它们的身影。漂泊的三角藤壶一旦找到合适的附着基，就会将自己的身体从站立状态旋转 90 度变成仰卧状态，并分泌具有极强黏合力的胶质，将自己牢牢地黏附在附着基上，拉丁学名：*Balanus trigonus* Darwin，1854。

英 文 名：Triangle barnacle。

俗　　名：马牙、石疥。

分　　布：分布于世界上各个海域的潮间带至潮下带浅水区，我国沿海均有分布。

保护级别：未予评估（NE）。

开始一辈子的定居生活。三角藤壶大量繁殖且没有被及时清除时就会沦为主要的海洋污损生物，增加船舶的阻力，加速金属腐蚀，导致仪器设备失灵，给人类社会造成很大的危害。

寄语：

海洋环境是无数生命赖以生存的家园，海洋资源是大自然馈赠给人类的无价瑰宝。丰富多彩的海洋生物给了我们认知自然、欣赏自然、热爱自然和探索自然的窗口。海洋中的一鱼一水折射出了整个世界，人类的一举一动都关乎着整个自然界的未来。

——周爱国，博士、硕士生导师，华南农业大学海洋学院

『传说而名』茗荷

“在英国兰开夏郡的一座小岛上，有许多失事的海船留下的碎木头。这些木头上会长出贝壳，贝壳里孕育着活的小鸟。这些小鸟的嘴连在贝壳里，脚挂在外面。它们长大之后就会从贝壳里脱落，长出羽毛，变成水鸟。”这是《大植物志》（*Great Herball*）里描述藤壶鹅“诞生”的句子。“木头上长贝壳”容易理解，但是贝壳里怎么会孵出小鸟呢？

藤壶鹅是一种典型的冷水性海洋鸟类，在偏远的北极苔原地区繁殖。当地人从未在夏天见过这种鸟，于是就有了它们在水里出生的传说。至于为什么会流传它们出生在贝壳里，是人们将神秘的藤壶鹅与一种海洋节肢动物联系在了一起。那就是鹅颈藤壶。

鹅颈藤壶，学名为茗荷，隶属于节肢动物门蔓足纲围胸目茗荷科茗荷属，其形状和颜色确实与藤壶鹅有许多相似的地方。它们的身体分为具壳板的头部和光裸的柄部，头部呈白色，就像藤壶鹅面部的白斑；柄部表面光裸、粗壮，呈黑色和黄褐色，就像藤壶鹅脖子上的黑色羽毛。鹅颈藤壶经常固着在浮木上，因此有了藤壶鹅出生在贝壳里的传说。

鹅颈藤壶的生活方式多样，如固着生活、浮游生活和共栖生活。茗荷属的种类主要营浮游生活，也常附着在船底和浮标上。由于鹅颈藤壶的柄部较长，故船只航行时易脱落。相对于无柄类的藤壶，它们的危害较小。但它们也常大量附着在外海的浮标上，有时也成为主要的污损种类。

拉丁学名：*Lepas anatifera* Linnaeus，1758。

英 文 名：Pelagic gooseneck barnacle。

俗　　名：鹅颈藤壶、佛脚、海佛手。

分　　布：世界广布种，我国沿海均有分布。

保护级别：未予评估（NE）。

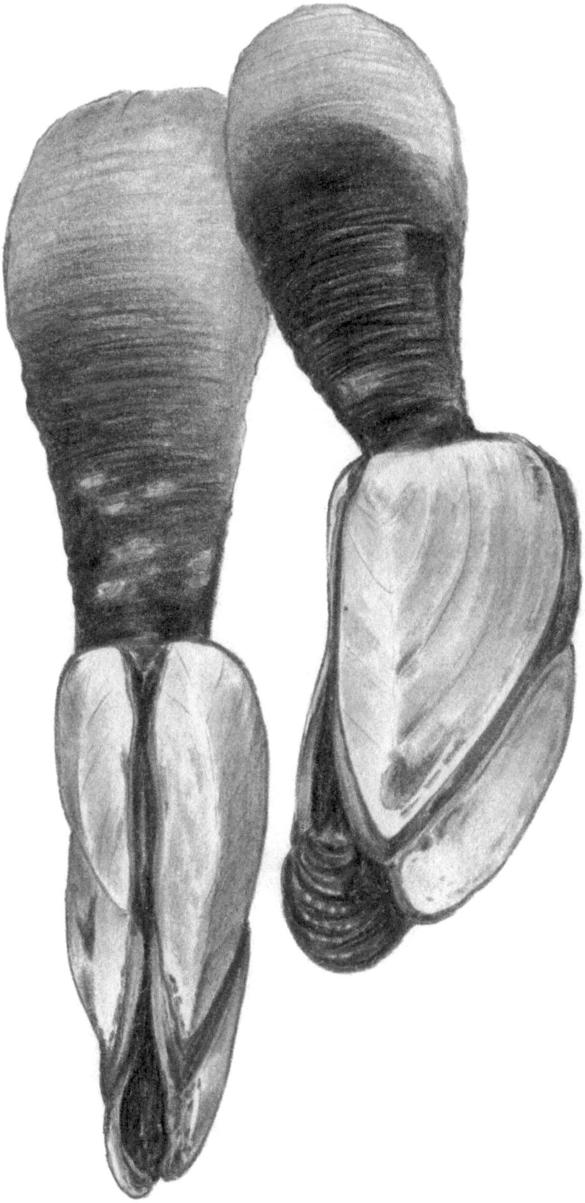

『地狱鲜食』龟足

龟足，隶属于节肢动物门颚足纲有柄目铠茗荷科。它们的身体分成头状部和柄部，头状部呈淡黄色或绿色，柄部较软，呈褐色或黄褐色，外表覆盖有排列紧密的细小的石灰质鳞片。它们固着在岩缝中，密集成群，从远处看就像一簇盛开的黄绿色的花，十分美丽；走近了看，又像乌龟的脚，这就是它们的名字“龟足”的由来。

因为龟足的外形实在奇特，所以有各种别名来形容它们的长相，如佛手贝、狗爪螺、鸡冠贝、观音掌等。虽然这些俗名多被冠以贝、螺之名，但《海错图》的作者聂璜对此有清醒的认识。他说，龟足“非蛎非蚌，独具奇形”。确实，龟足和贝螺没有关系，而属于节肢动物门，它们和虾蟹的亲缘关系更近。

既然龟足和虾蟹同属节肢动物门，为什么它们不能像虾蟹一样爬行呢？其实龟足的幼虫会游会爬，可是找到合适的礁石后，幼虫就会把自己固定住，然后慢慢变成龟脚的样子。“脚爪”部位是它的头状部，总共有 8 块壳板，其中三个指头分别由两块壳板拼合而成。中间的壳板打开后，就会伸出“细爪”（专业术语叫蔓足）抓取水中的浮游生物来食用。

说起龟足，就不得不说说它们的“鲜”。龟足虽然长得有点丑，但凭借着鲜甜嫩滑的口感，俘获了不少美食家的心。它们的柄部肌肉发达，肉质细嫩，味道鲜美，是上等的佳肴。由于奇特的长相和鲜美的味道，龟足有着“来自地狱的海鲜”的美誉！

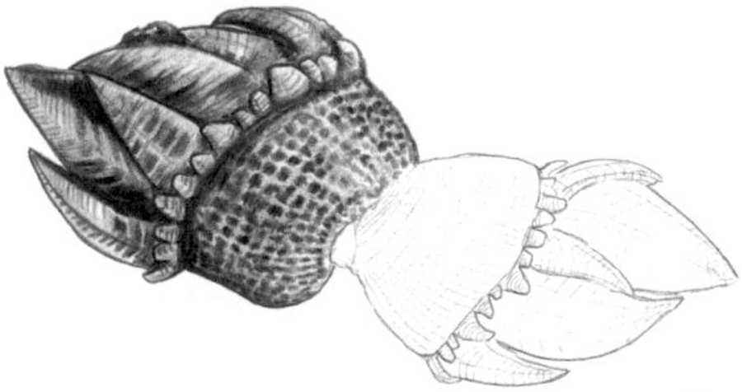

拉丁学名：*Capitulum mitella*（Linnaeus，1758）。

英 文 名：Japanese goose barnacle。

俗　　名：佛手贝、龟脚、狗爪螺、鸡冠贝、鸡足、观音掌等。

分　　布：我国产于东海和南海，舟山外侧岛屿岩礁底质习见。

保护级别：无危（LC）。

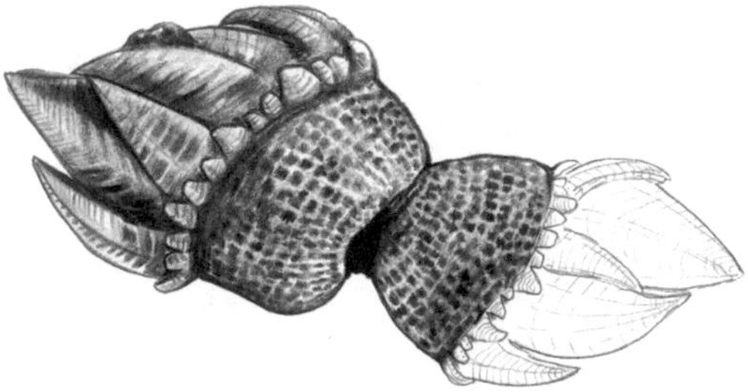

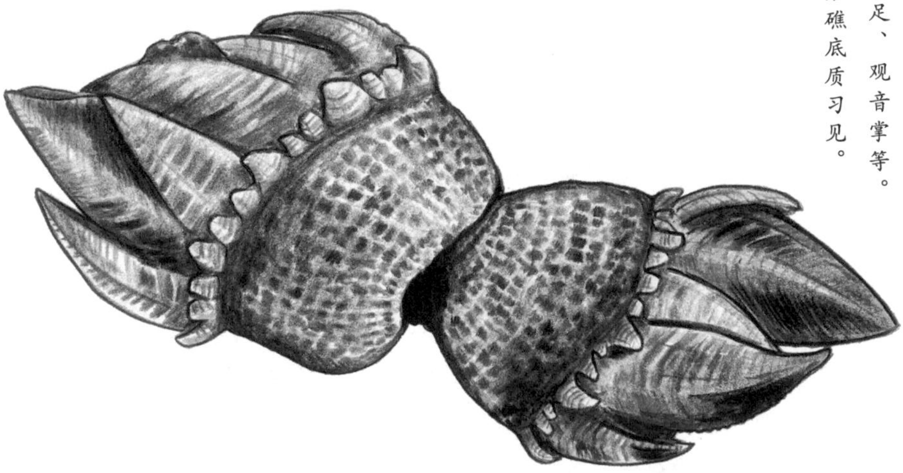

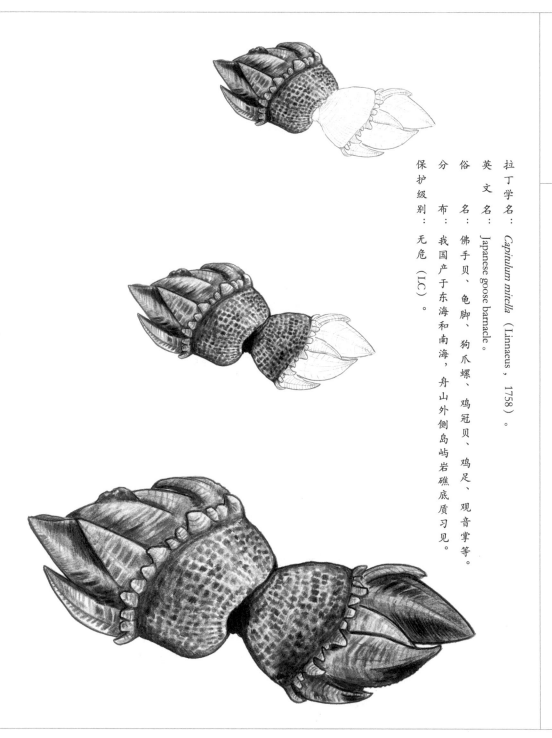

『海底鸳鸯』中华鲎

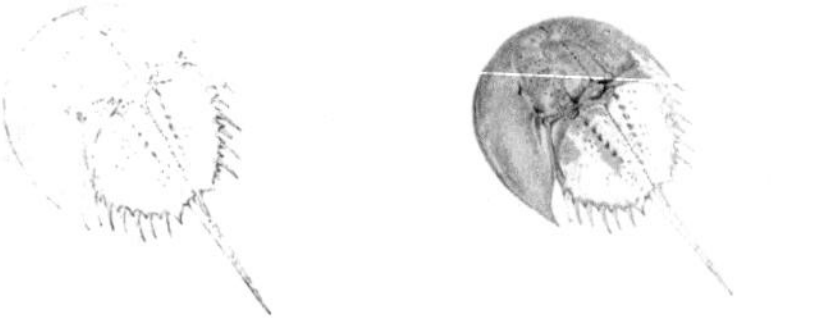

在厦门鼓浪屿、广东湛江以及海南三亚等地的一些海鲜餐厅前的水族缸中偶尔会看到鲎。这是很奇怪的事情，因为鲎看去一点肉都没有，怎么会有人想要吃它们呢？真是匪夷所思！

中华鲎，隶属于节肢动物门肢口纲剑尾目鲎科亚洲鲎属。它们的身体呈棕褐色，体长可达 60 厘米，重 3~5 千克，由头胸、腹和尾三部分组成。头胸部有发达的马蹄形背甲，于是有了“马蹄蟹”的称号。它们的腹面有 6 对附肢，两侧有若干锐棘，下面有 6 对片状游泳肢，在后 5 对上面各有一对鳃，用来进行呼吸。中华鲎的尾呈剑状。它们平时钻入海沙内生活，退潮时在沙滩上缓缓爬行。雌、雄成体常在一起，形影不离，于是也被称为“海底鸳鸯”。

鲎是一种古老的生物，它们与三叶虫是同一个期纪的动物，距今已有约 4 亿年的历史。虽经数亿年的沧桑巨变，但该物种依然如故，至今仍保持着原来的形态，堪称海洋里的远古遗民，因此有“生物活化石”之称。

鲎具有很高的药用价值，全身都是宝，它们的肉、壳、尾皆可入药。鲎的血液是罕见的蓝色，这是因为其中含有铜离子。鲎的血液非常珍贵，从这种蓝色血液中提取的“鲎试剂”可以准确、快速地检测内部组织是否受到了细菌感染。此外，鲎试剂还被广泛应用在制药和食品工业中，用于对毒素污染状况进行监测。

中华鲎的生长周期很长，需要近 13 年才能完成繁殖。由于填海造地、滩涂开发以及人类滥捕，我国的鲎资源现在已经急剧减少，正面临着灭绝性的灾难。活了 4 亿年的活化石绝对不止血液才有研究价值，其本身就是极其珍贵的存在。

拉丁学名：*Tachypleus tridentatus*（Leach，1819）。

英 文 名：Tri-spine horseshoe Crab，Chinese horseshoe crab。

俗　　名：三刺鲎、两公婆、马蹄蟹。

分　　布：原产于中国、印度尼西亚、日本、马来西亚、菲律宾和越南沿海，我国浙江、福建、广东、广西、海南和台湾等地的沿海均有分布。

保护级别：《国家重点保护野生动物名录》二级保护动物。

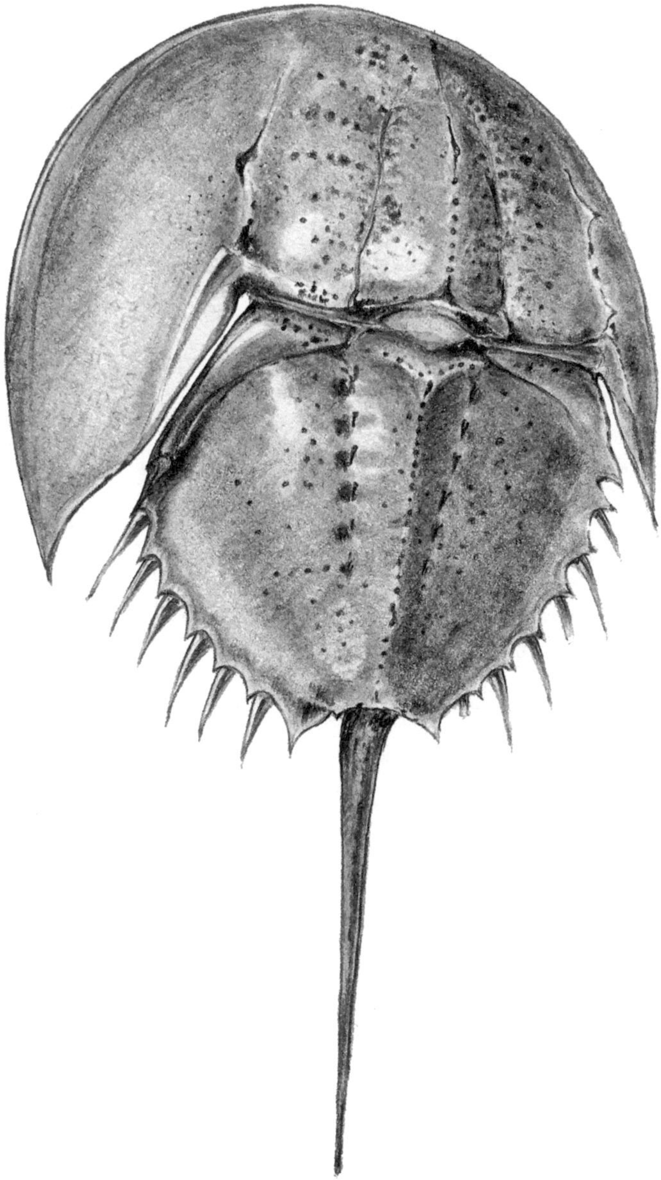

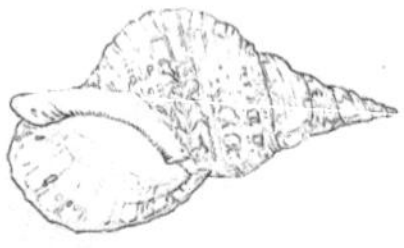

『佛音远播』法螺

法螺，隶属于软体动物门腹足纲中腹足目嵌线螺科法螺属，与万宝螺、唐冠螺和鹦鹉螺合称“世界四大名螺”。法螺的贝壳极大，呈圆锥形或喇叭形，前端扩展，后端尖细，壳高可达60厘米，是嵌线螺科中最大者，也是珊瑚礁上最大的软体动物。法螺贝壳表面光亮，壳表为乳白色至黄褐色，并具有半月形或三角形的深褐色斑纹和新月形斑纹；壳口呈卵圆形，内面为橘红色，并带有瓷光；螺塔微高，螺顶常缺损；足部异常发达；有颚片，中央齿和侧齿通常具有锐利的齿尖。

法螺生活于暖水海域，多栖息在岩礁底浅海区和珊瑚礁间，有些种类则生活在沙质或泥沙质海底，从潮间带到几百米深的海底都有它们的踪迹。棘冠海星的体形庞大，对珊瑚礁具有很大的破坏力，而肉食性的法螺常以它们为食。因此，澳大利亚人用法螺来制衡棘冠海星，用“一物降一物”的方法来维持生态系统的稳定。

法螺的肉可以食用，但它们的主要价值在于螺壳。大型雌性螺壳磨去壳顶后，吹之有声，可当乐器。古代的部族和军队用它们作为号角。由于寺院和庙宇中的僧道用此作为布道昭示的法器，故名“法螺”，是佛教吉祥八宝之一。

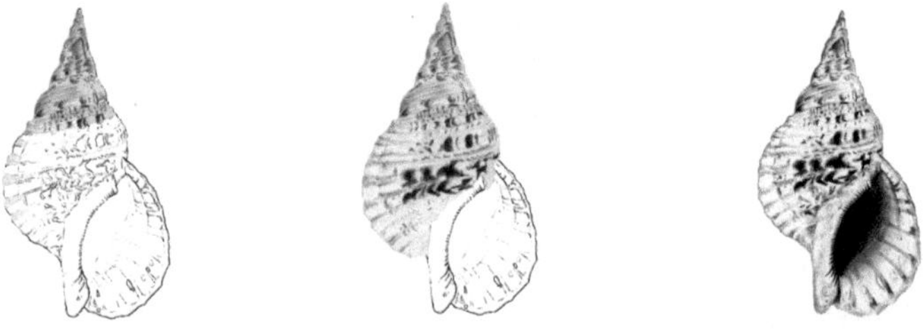

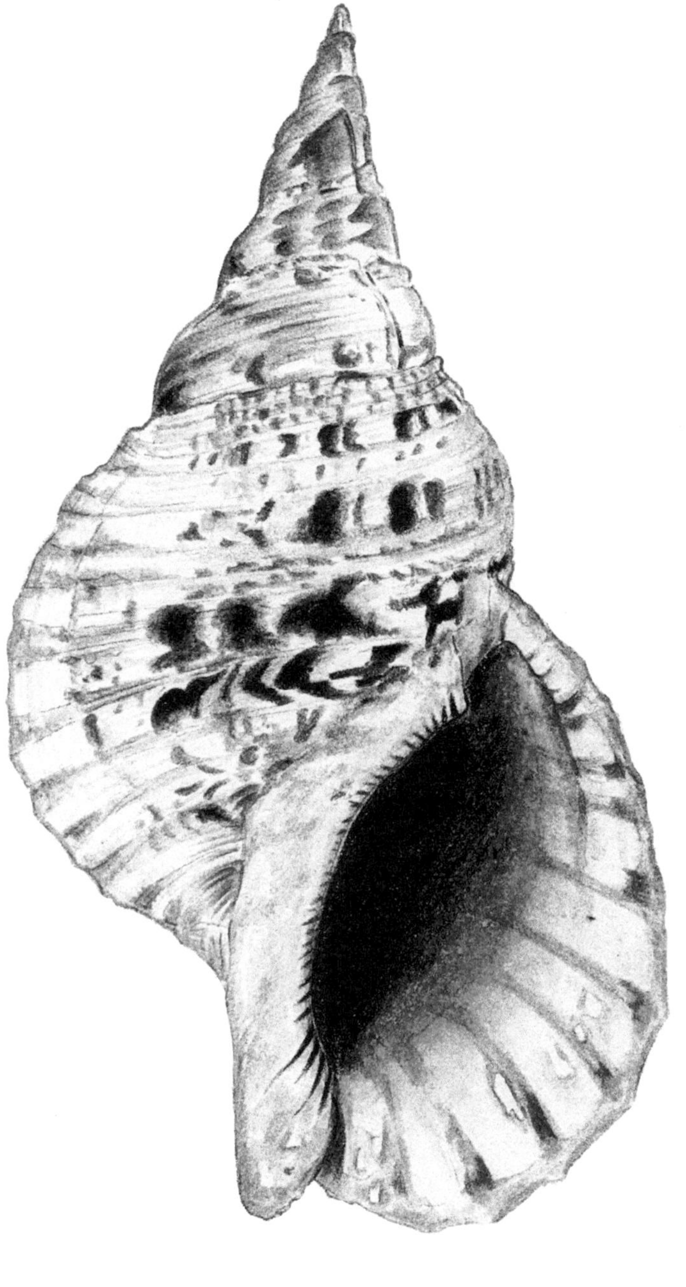

拉丁学名：*Charonia tritonis*（Linnaeus，1758）。

英 文 名：Triton trumpet，Giant triton。

俗　　名：大法螺、凤尾螺。

分　　布：广布于印度洋和太平洋暖水区，我国南海和台湾海域有分布。

保护级别：在澳大利亚、印度等国受到保护，在我国暂未受保护。

『最古货币』黄宝螺

黄宝螺，隶属于软体动物门腹足纲中腹足目宝螺科货贝属。它们的壳表底色为淡黄色，三条灰蓝色条带横贯壳底，长有一条不明显的金黄色细环纹；侧面及腹面的颜色比背面浅，壳缘、壳底和齿为白色，通常稍带黄色；壳口狭长，在壳体背面的中央线上呈缝状；外套膜与足发达，生活时外套膜伸展，可将贝壳包被起来。

黄宝螺行动缓慢，畏强光，昼伏夜出，白天隐藏在珊瑚或岩石的裂缝、洞穴中，黄昏、夜间以及临近黎明时外出觅食。它们为肉食性动物，啃食珊瑚、海绵、有孔虫以及小型甲壳类动物等。黄宝螺有一个奇特的习性，当四处爬行时，它们会翘起尾巴，然后又突然放下。另外，外套膜从壳口出来后向两侧伸展覆盖整个贝壳，并伸出各种乳突状突起。这既是一种拟态行为，同时又起到了防御作用。

黄宝螺集食用、玩赏和装饰功能于一身，与人们的生活密不可分。古人将这种贝壳串起来作为装饰品。另外，黄宝螺俗称“货贝”，所以人们很容易就会想到，是不是它们可以作为货币流通使用？直到 19 世纪晚期，在非洲、亚洲和太平洋岛屿的许多地区，货贝还被用作交换媒介。在国内海滨旅游城市的特色商品店里常常可以看到由货贝制成的杯垫、贝壳项链等旅游纪念品。

拉丁学名：*Monetaria moneta*（Linnaeus，1758）。

英 文 名：Money cowry。

俗　　名：货贝、白贝齿。

分　　布：分布于印度洋和太平洋的热带及亚热带暖水海域，我国主要分布在台湾北部和东部以及南海海域，从潮间带至较深的岩礁、珊瑚礁和泥沙海底均有其踪迹。

保护级别：无危（LC）。

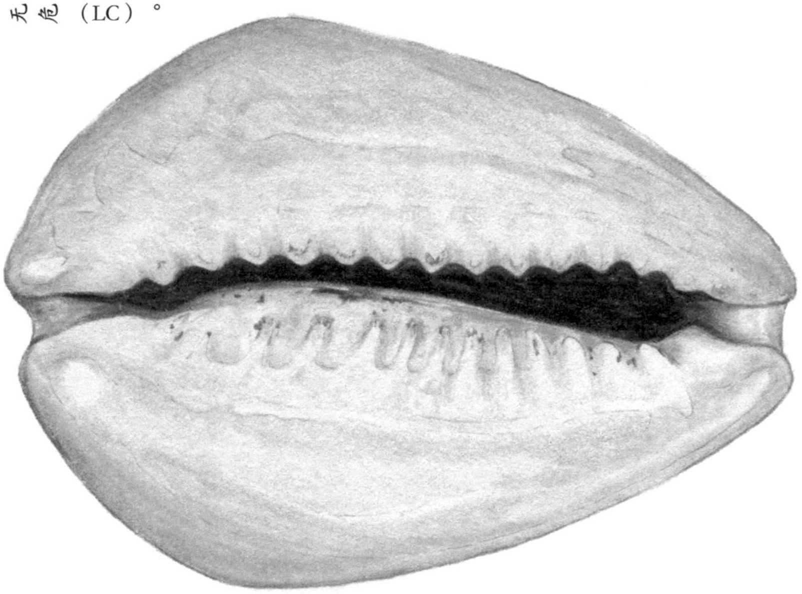

『大众明星』虎斑宝贝

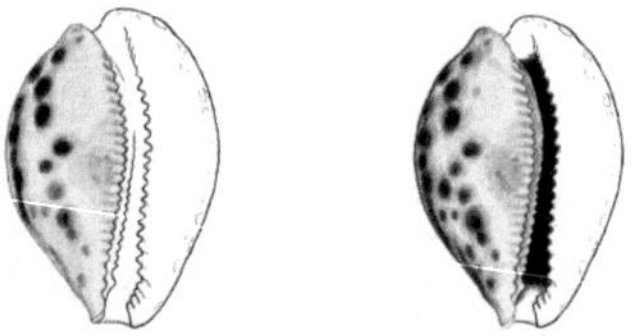

虎斑宝贝，隶属于软体动物门腹足纲中腹足目宝螺科宝螺属。它们的壳质厚重，壳表圆鼓膨大，底部微微凹陷；壳面散布有大小不等的黑褐色斑点，因此也叫黑星宝贝；其外套膜具有暗灰色或者黄灰色纵向条纹，并且长有较长的乳突，基部和尖端呈白色，中部为灰黄色，与壳表相互映衬，再加上灰黄色的触角，远远看上去像一个小刺猬。

虎斑宝贝常栖息于低潮线以下 1 米至数米水深的有岩礁或珊瑚礁的地方，白天隐居，黄昏或夜间出来觅食和交配。作为一种体形不算大的软体动物，虎斑宝贝的猎食能力非常有限。虎斑宝贝幼体主要进食海藻，成年后主要啃食珊瑚和各种无脊椎动物。如有需要，虎斑宝贝也可以下潜到很深的海域。考虑到它们结实的外壳，虎斑宝贝承受 800 米水深带来的压力并没有什么大问题。

虎斑宝贝的壳表光滑且富有光泽，但不同栖息环境中的虎斑宝贝的色彩略有差异。沙滩上或者暴露在外面的个体的颜色比较淡，隐藏在暗处、藻类或珊瑚丛中的个体的颜色则会比较鲜艳，明暗对比分明，显得更加美丽。此外，个别因基因变异而导致的白化个体以及发育异常、壳体不规则的个体也表现出了异样的美丽。

虎斑宝贝在商业交易中的平均价格并不高，人们在沿海旅游途中遇见这样的贝壳时一般都会被它们吸引。亲民的价格也会吸引人们买来作为纪念品。随着对虎斑宝贝的需求和捕捞量不断上升，近年来虎斑宝贝越来越少见了，它们已经被列为我国二级重点保护野生动物。

拉丁学名：*Cypraea tigris* Linnaeus，1758。

英 文 名：Tiger cowrie。

俗　　名：虎斑贝、黑星宝螺、虎皮斑纹贝。

分　　布：广泛分布于印度洋和太平洋暖水海域，我国分布于台湾沿海以及南海海域。

保护级别：国家二级重点保护野生动物。

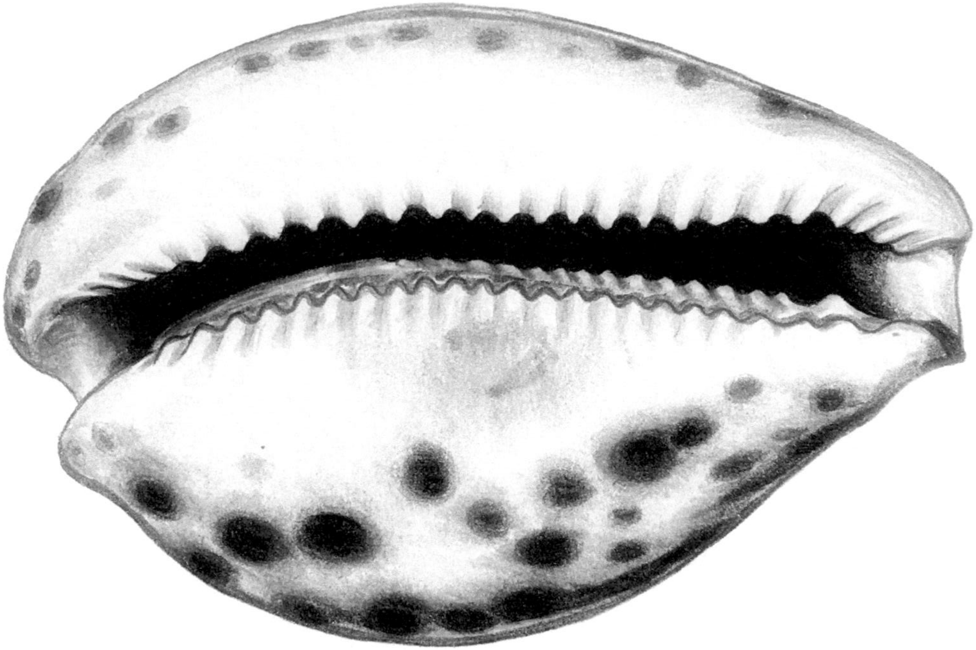

『海之肚脐』扁玉螺

海脐肉和蔬菜配上韩式辣酱，即可制作成一道韩国沙拉，在朝鲜则被当成冷盘。海脐，学名为扁玉螺，隶属于软体动物门腹足纲中腹足目玉螺科扁玉螺属。它们的贝壳较大，壳质坚固，整体呈半球形；壳口为卵圆形，内唇中部形成与脐相连接的深褐色胼胝，其上有一道明显的沟痕，脐孔大而深。潮汕地区的人们形象地称之为肚脐螺。海脐壳顶部为紫褐色，基部为白色，其余壳面都为淡黄褐色；螺层约为5层，壳顶低小，体螺层宽大，壳面相当膨胀，在每一螺层缝合线的下方有一条彩虹样的褐色色带；壳表光滑，除了体螺层尚能见到环形的波状线纹外，其余各螺层均无明显花纹。

扁玉螺生活在浅海沙滩或者泥沙滩上，在其生活的沙滩上经常能看到一条条清晰的痕迹。这是扁玉螺通过有锄沙作用的前足爬行时留下的，有经验的赶海者在退潮后通常可以通过跟踪这行“脚印”找到它们。

扁玉螺是肉食性动物，也是海涂养殖贝类的一大敌害，但同时也是底栖鱼类的饵料之一。扁玉螺肉质肥美，脂肪含量低，而蛋白含量高，营养价值较高。此外，扁玉螺的贝壳还可作为工艺品供观赏，是我国沿海工艺品加工市场的一类常见原料。

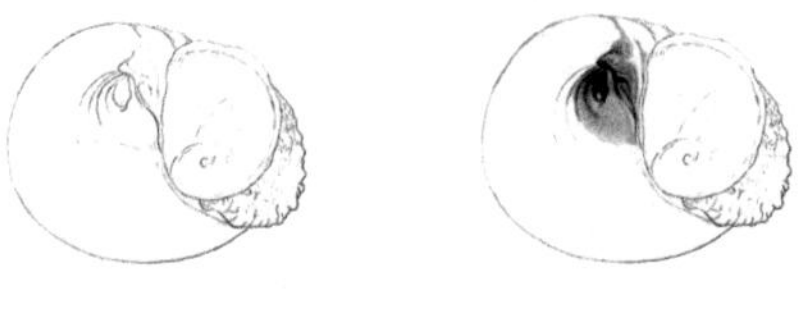

拉丁学名：*Neverita didyma*（Röding，1798）。

英 文 名：Bladder moon snail，Moon shell。

俗 名：肚脐螺、海脐、香螺。

分 布：我国沿海常见种类，北方多于南方；此外，在日本北海道南部至九州、朝鲜半岛、菲律宾、澳大利亚以及印度洋的阿曼湾等地也有分布。

保护级别：无危（LC）。

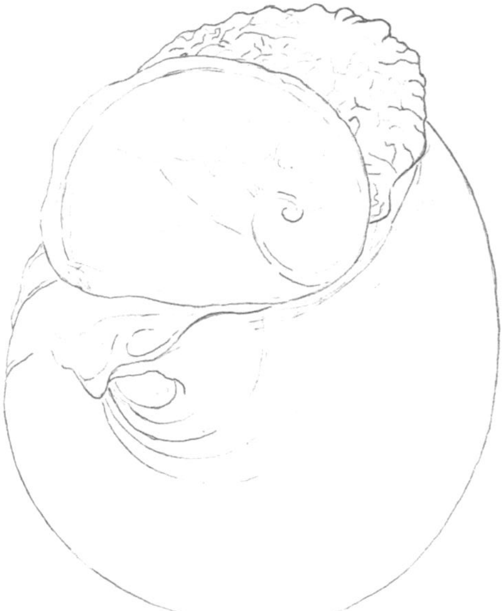

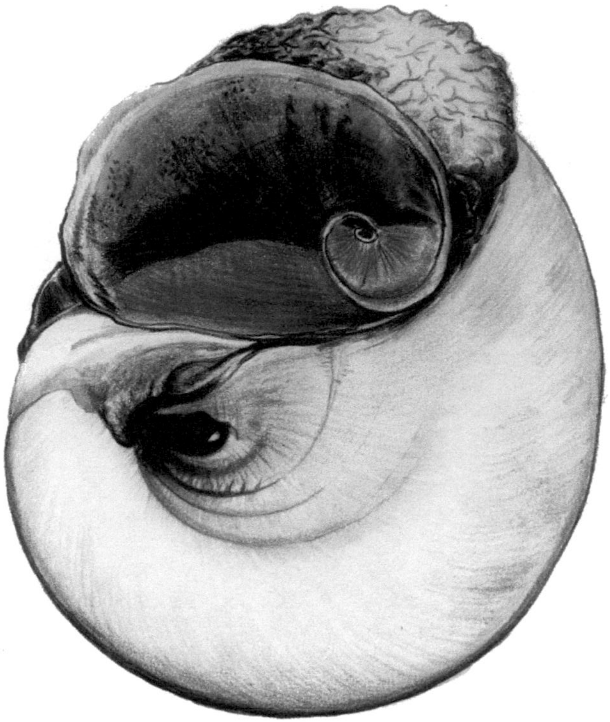

『女神之名』栉棘骨螺

维纳斯是希腊神话故事里美丽的女神。在贝类的大千世界里，也有一种名叫“维纳斯”的骨螺。维纳斯骨螺的贝壳经过漫长岁月的演化变得奇形怪状，外表覆盖着梳齿般的长刺。相传它们因维纳斯的发梳而得名，是人见人爱的收藏极品。

维纳斯骨螺，学名为栉棘骨螺，隶属于软体动物门腹足纲新腹足目骨螺科骨螺属。从名字就很容易联想到其螺壳的优美造型。在螺壳上，以近乎完美的120度分列隆起三条粗肋。这三条粗肋从螺壳的顶部一直延伸到最下层，结束于壳口延长的前水管的基部。在隆起的粗肋上，生长有粗大的棘刺，排列形成规则的平面。

为什么维纳斯骨螺会长这么多长长的棘刺呢？见过它们在海底前行的场景后可能就会找到答案。它们伸出宽厚的、带有黑色纹路的腹足，朝前水管方向隆隆前行；两排棘刺位列壳口两侧，恰似两旁的栅栏，再加上背面高高耸起的一排如同长剑一般的长棘，让来犯的捕食者无从下口。因此，这些棘刺不仅能保护维纳斯骨螺自身不被其他动物捕获，还可以防止螺体在松软的泥土里下沉。

虽然拥有极为梦幻的名字，但维纳斯骨螺是一种非常凶猛的肉食性动物。它们会利用梳齿般的长刺罩住小型螺贝或其他生物，防止猎物潜逃；然后在猎物身上钻孔并注入消化液，再吸食被分解而变软的猎物。它们喜欢捕食贻贝，选择钻孔的位置并不是当年生的较薄的壳面，而是在较厚的地方，大多对应于贻贝的内脏和鳃区，尤其是心脏所在之处。体态轻盈而生性极其凶猛的维纳斯骨螺真可谓“女神”和“女汉子”的完美合体！

拉丁学名：*Murex pecten* Lightfoot，1786。

英 文 名：Venus comb murex。

俗 名：维纳斯骨螺、梳骨螺、刺螺。

分 布：产于印度洋和太平洋海域，北至日本，南至澳大利亚；我国分布于南海、东海以及台湾沿海海域。

保护级别：无危（LC）。

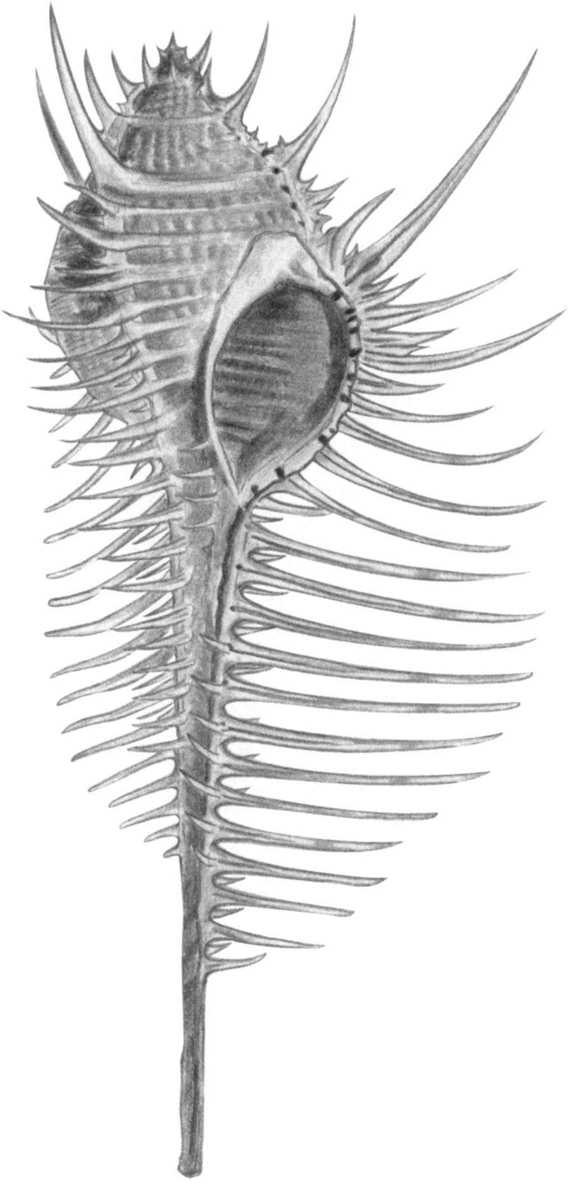

『善恶难辨』纵肋织纹螺

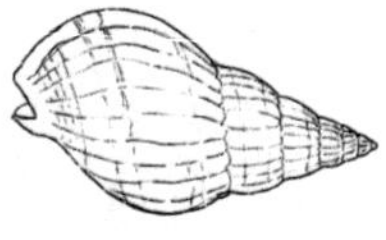

纵肋织纹螺，隶属于软体动物门腹足纲新腹足目织纹螺科织纹螺属。它们的壳体小，呈短尖锥形；壳表平滑，有光泽，呈淡黄色，混有褐色云斑；螺层约为9层，缝合线深，螺旋部高，在每一螺层上通常生有1~2条粗大的纵肿脉；壳口呈圆形，轴唇滑层发达，外唇上颚具有小齿；螺壳表面具有显著的纵肋和细密的螺纹，两者相互交织成布纹状。

纵肋织纹螺主要栖息于潮间带及潮下带的泥沙质海底，为腐食性，有时也食用底栖浮游生物。曾经网上有传言说织纹螺含有毒素，不能食用，但在大连地区织纹螺则是一种常见的食用海鲜，而且没有出现食物中毒现象。其实纵肋织纹螺本身无毒，所以到了青岛，炒一盘海瓜子是没有问题的。有毒的织纹螺的致命毒性缘于它们在生长环境中摄食有毒藻类并富集藻类毒素，或者摄入其他有毒物质（如河豚毒素等）而被毒化。织纹螺引起食物中毒时主要表现为神经性麻痹症状，死亡率较高。

我国东南沿海常见的织纹螺种类不超过20种，按是否有毒可分为有毒织纹螺、季节性有毒织纹螺和无毒织纹螺。在理论上，我们可以选择食用经毒素检测合格的无毒织纹螺，但由于各种织纹螺的形态比较相似，非专业人士很难准确地判断其是否有毒。另外，目前织纹螺毒素研究尚处于初期阶段，织纹螺毒素的变化规律也尚未研究清楚，因此应尽量避免食用织纹螺，以免引起严重后果。

拉丁学名：*Nassarius variciferus*（A. Adams，1852）。

英 文 名：Dog whelk。

俗 名：海瓜子、海狮螺、麦螺、白螺、甲锥螺等。

分 布：主要分布于我国浙江、福建、广东等南方沿海地区。

保护级别：无危（LC）。

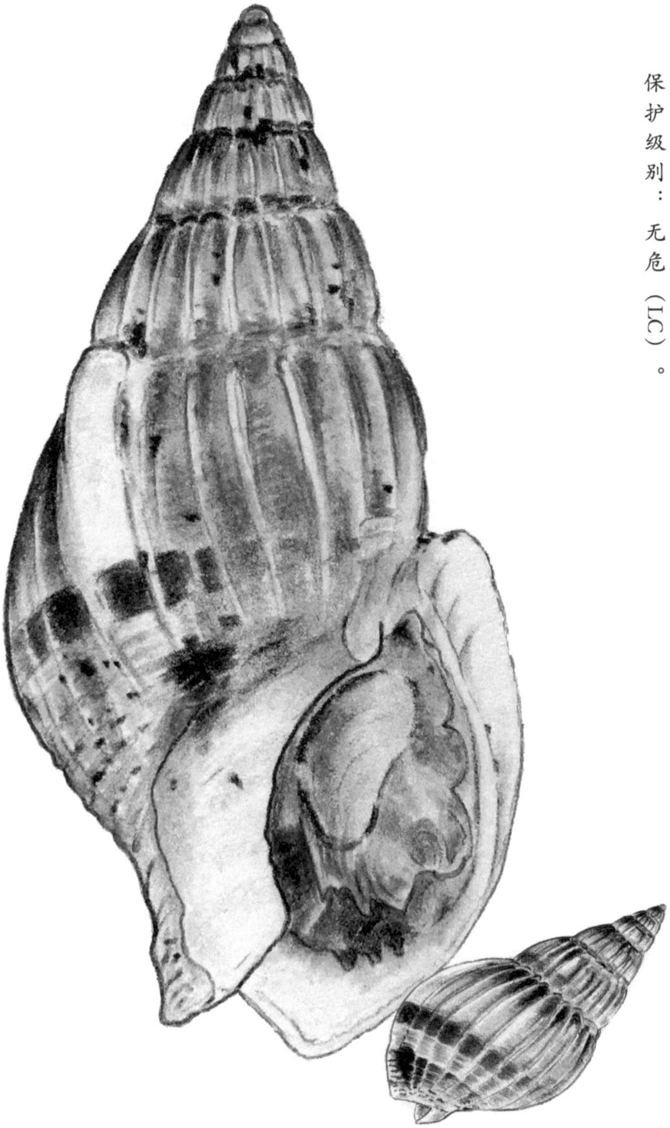

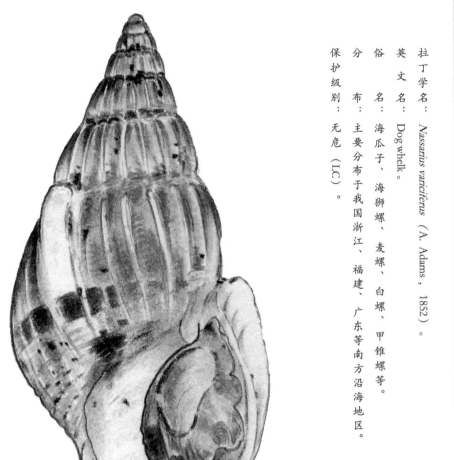

『海中雨林』鹿角珊瑚

绝大多数造礁珊瑚都被列为保护动物，海洋馆中的珊瑚活体展示已经很少见，可能会有早期留下来的鹿角珊瑚骨架作为陈列标本。鹿角珊瑚归类为SPS（Small Polyp Stone），即小水螅体石珊瑚，是较为难以养活的珊瑚。

鹿角珊瑚，隶属于刺胞动物门珊瑚纲石珊瑚目鹿角珊瑚科鹿角珊瑚属。由于该属的珊瑚都有如鹿角般的分支状生长形态，故得名“鹿角珊瑚”。它们是数量较多的一类珊瑚，常见品种包括褐色鹿角珊瑚、栅列鹿角珊瑚、荧光鹿角珊瑚和粗野鹿角珊瑚等。鹿角珊瑚为大型个体，多呈树枝状，支行众多，往往高度融合成主要分支；分支距离大，群体可长达 20~50 厘米。顶端小枝细长而渐尖，中部和基部的辐射珊瑚体稀，向上逐渐变为鼻形和半管唇形。

鹿角珊瑚有多种颜色，最常见的有蓝色、粉红色、黄色和奶油色。它们具有多彩的颜色以及优雅的身姿，可以给海水缸增色不少，因此在水族市场上深受消费者喜爱。它们除了具有很高的观赏价值外，在海洋生态系统中也起着举足轻重的作用。同其他绝大多数珊瑚一样，鹿角珊瑚是重要的造礁珊瑚，其石灰质骨骼是构成珊瑚礁的主要成分。珊瑚礁生态系统的生物多样性极高，被称为“海洋中的热带雨林”。健康的珊瑚礁生态系统具有造礁、护礁、固礁、防浪护岸、防止国土流失等功能。

我国南海拥有 200 多个珊瑚岛、礁与沙洲，是世界上海洋珊瑚礁最丰富的区域之一。但近年来，由于全球气候变化以及围填海等人类活动加剧，珊瑚礁生态系统受到了不同程度的影响或破坏。迄今为止，全球至少 20% 的珊瑚礁发生了退化或消失，严重危及了海洋生态与岛礁安全。

拉丁学名：*Acropora* Oken，1815。

英　文　名：Staghorn corals。

分　　　布：分布于太平洋和印度洋，一般栖息于热带海洋的珊瑚礁和浅海潮下带的礁石内。

保护级别：近危（NT）。

好在近些年随着生态旅游以及海洋牧场建设的大力推进，我国珊瑚礁生态系统所面临的压力得到了不同程度的缓解。保护人类共同的自然文化遗产是我们每个人的职责和使命！

寄语：

我国是全球海洋生物物种多样性最丰富的国家之一，拥有全球近 13% 的海洋生物物种，但我们的海洋生物研究与世界先进水平相距甚远，而这恰恰又是探索、保护以及可持续开发利用海洋资源的基础。让我们共同努力，为我国海洋事业的发展贡献力量！

——陈健，硕士、馆长，浙江海洋大学海洋生物博物馆

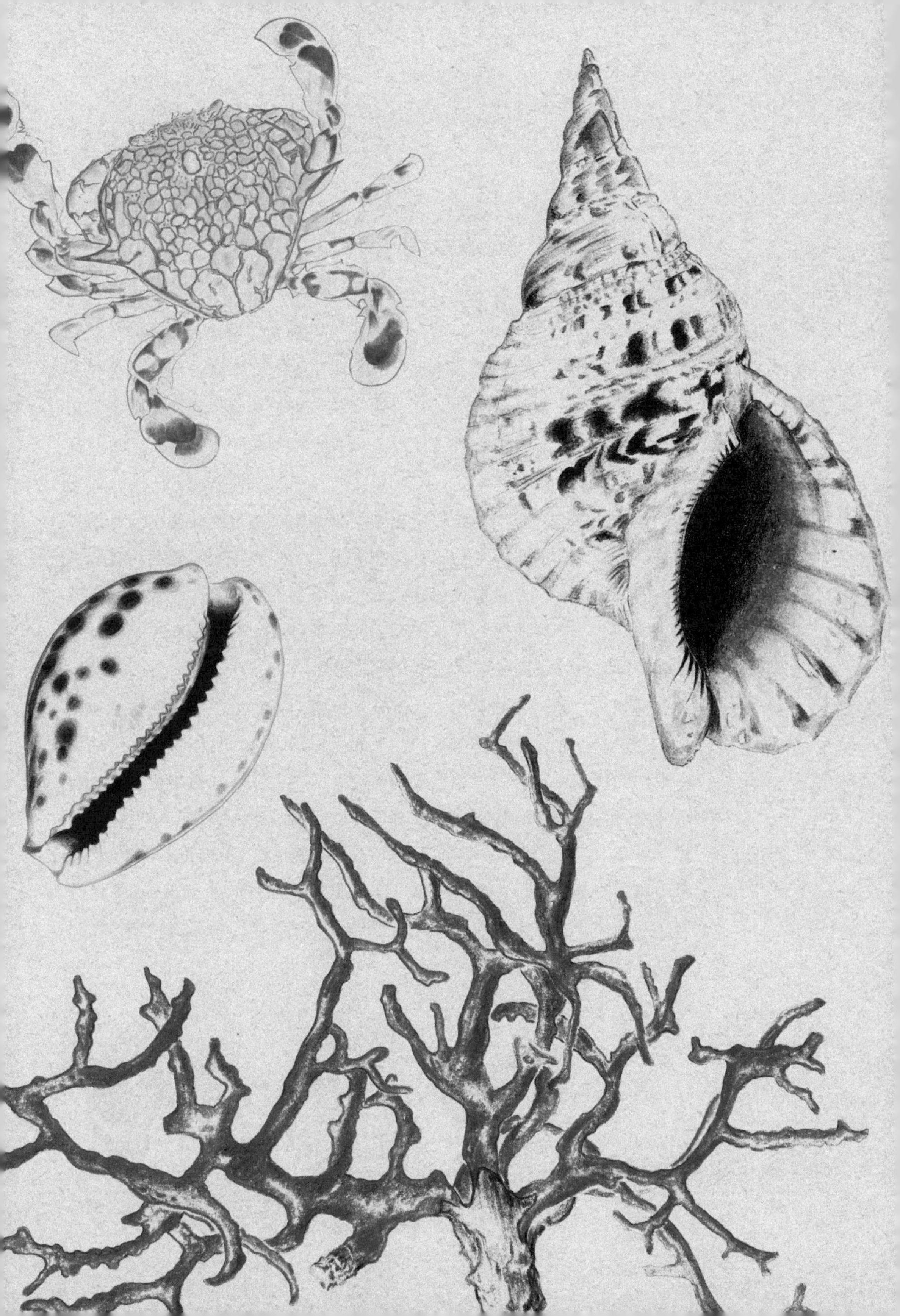

『盘中明珠』疣荔枝螺

在海边的大排档中，经常能见到这么一种螺。它们浑身长着尖刺，味道也像其外表一样充满刺激性。它们的尾端有一个辣囊腺，会产生一种不同于生姜、辣椒之类的刺痛类的辣味。将这种螺水煮后，能尝到它们最本色的味道：鲜香之外有点辣，微苦；细细品味后，还有一丝丝鲜甜的味道。这种螺就是辣螺。

辣螺，学名为疣荔枝螺，隶属于软体动物门腹足纲新腹足目骨螺科荔枝螺属。它们的贝壳呈纺锤形，壳硬质坚；外表呈灰绿色或黄褐色，壳内面呈淡黄色，有黑色或褐色大块斑；螺层约为 6 层，缝合线浅，各螺层中部有一环列明显的疣状突起，壳面密布较细的螺肋和生长纹。因它们的根部有较强的辣味，故名“辣螺”。

辣螺为广温性底栖贝类，栖息于潮间带中下区岩礁附近的海底和礁石上，喜欢群居，可短距离移动，主要以牡蛎为食，可作为金属污染指标生物。落潮后，可手工零星采捕辣螺。“三月三，辣螺爬上滩。”这个时候，渔民会把辣螺的壳敲掉，洗净后腌制或水煮鲜食。螺肉丰腴细腻，味道鲜美，营养价值高，其蛋白质含量比鸡、鸭、鹅、羊肉还高，素有“盘中明珠”的美誉，是典型的高蛋白、低脂肪、高钙质的天然动物性保健食品。此外，中医认为辣螺的贝壳可入药，对颈淋巴结结核、甲状腺肿大等有一定的疗效。

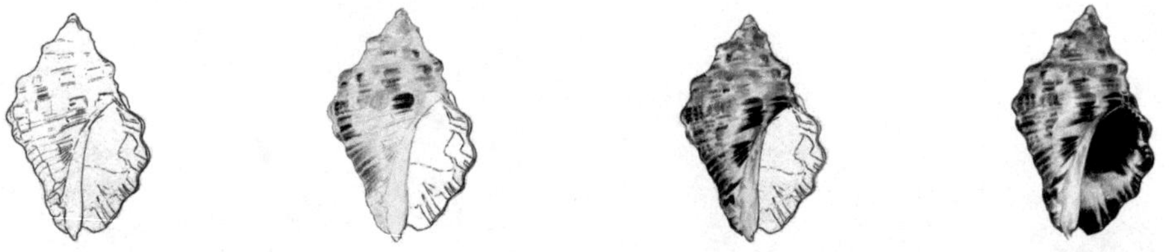

拉丁学名：*Reishia clavigera*（Küster，1860）。

英 文 名：Rock whelk，Rock shell。

俗 名：辣玻螺、辣螺。

分 布：分布于日本、朝鲜和越南等国的海域，我国沿海均有分布，其中黄海、渤海的数量较多。

保护级别：无危（LC）。

『渔业能手』脉红螺

脉红螺，隶属于软体动物门腹足纲狭舌目骨螺科红螺属。它们的贝壳大，壳质坚厚，整体略呈四方形；螺层约为 6 层，体螺层中部宽大，基部收窄；壳色一般为黄褐色，有棕色或紫棕色斑点；壳口较大，内面呈杏红色；外唇边缘随壳面粗肋形成棱角，内唇呈弧形，向外伸展形成假脐。

脉红螺常生活在数米或十余米深的浅海泥沙碎贝壳质海底，幼小个体则常见于潮间带岩礁间。它们一般在 5~8 月产卵，卵子包于革质鞘内，鞘狭长，很多个相连附着在岩石或其他物体上。脉红螺在冬季常分散活动，当水温低于 5 摄氏度时，则潜入沙底进入休眠状态。

脉红螺是一种具有极高经济价值的海产品。野生脉红螺鱼汛期一般为 3~11 月，辽宁丹东使用扒拉网捕捞，大连则多用下网给诱饵的“钓螺”方法捕捞。脉红螺也是渔民的养殖对象，主要养殖方法有吊笼养殖和虾池混养两种。成体常与中国蛤蜊、菲律宾蛤仔和竹蛏等混栖在一起，并以它们为食。浮游的稚螺依靠摄食单细胞藻类为生，成熟变态后转为动物食性，主要摄食瓣鳃类和水生动物尸体。脉红螺本身产量较高，其肉可食用，空壳还可以作为诱捕章鱼的容器，也可以制成工艺品收藏。

拉丁学名：*Rapana venosa*（Valenciennes，1846）。

英 文 名：Veined rapa whelk。

俗　　名：角泊螺、红螺、海螺、菠螺、假猎螺。

分　　布：分布于日本沿海和朝鲜半岛沿海，我国沿海均有分布，其中青岛、大连和大东沟等地的产量较大。

保护级别：无危（LC）。

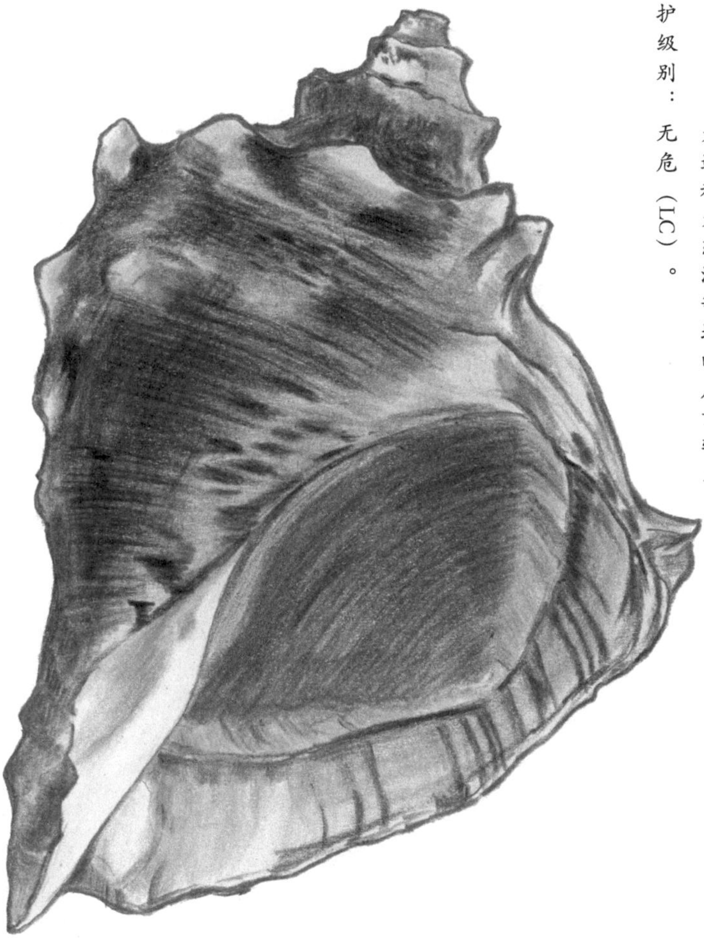

『美味花螺』方斑东风螺

姜丝在沸腾的开水中翻滚，此时把洗净的花螺放进沸水中，煮熟后再捞起，然后用牙签把肉挑出来，蘸上酱料后放进口里，美味无比！

花螺，学名为方斑东风螺，隶属于软体动物门腹足纲狭舌目蛾螺科东风螺属。它们的贝壳呈长卵形，壳质稍薄，比较坚硬；壳口呈半圆形；螺塔高，螺层为8~9层，呈阶梯状，缝合线明显；壳面覆盖一层黄褐色壳皮，壳皮下面为黄白色，具有长方形的紫褐色或红褐色斑块；斑块在体螺层上排成三横列，以上方的一列最大。花螺正是由于其壳表有分布规律的明显斑块而得名。

花螺多分布于温热带海域，具有昼伏夜出的习性，白天潜伏在沙泥中并露出水管，夜间四处觅食。多数螺类为肉食性种类，花螺也不例外，有时亦以腐肉为食。

花螺肉味鲜美，酥脆爽口，而且富含不饱和脂肪酸，营养丰富，是近年来国内外新兴的海鲜佳肴。我国早在21世纪初就开始进行花螺人工育苗攻关试验，并获得成功。花螺具有生长速度快、抗病能力强、养殖周期短、个体大、产量高的特点，在南方沿海已推广养殖，在老百姓的餐桌上占有一席之地，广泛受到消费者的喜爱。

拉丁学名：*Babylonia areolata*（Link，1807）。

英 文 名：Square spot upwind conch。

俗　　名：花螺、海猪螺、南风螺、象牙凤螺。

分　　布：在印度洋和太平洋均有分布，我国主要分布在东南沿海以及台湾沿海的浅海海域。

保护级别：无危（LC）。

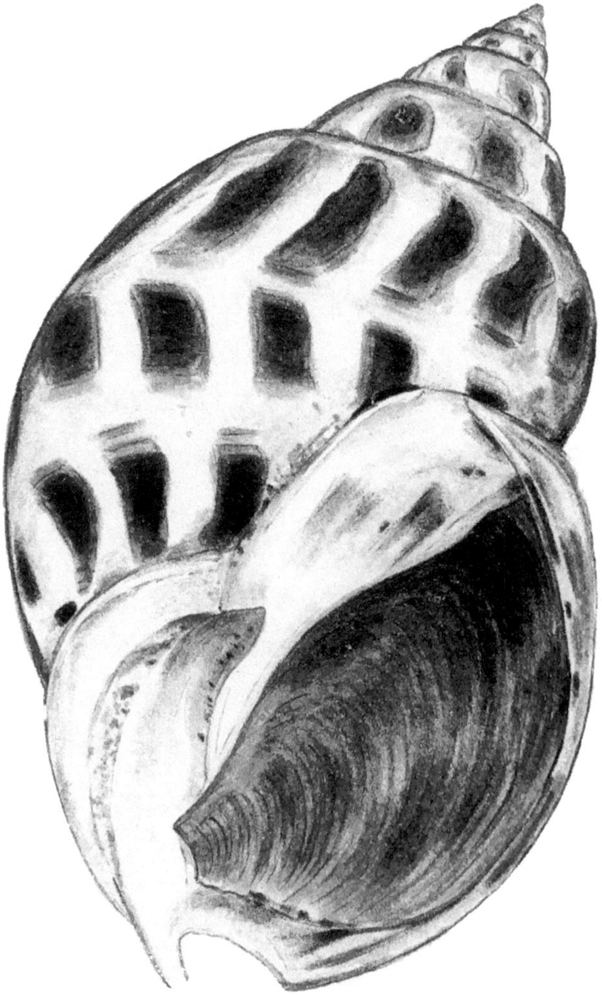

『海味之首』皱纹盘鲍

皱纹盘鲍，隶属于软体动物门腹足纲原始腹足目鲍科鲍属。它们的壳很矮，仅有一片扁平的贝壳，腹面大而平，没有厣；它们的螺旋部退化，螺层很少，体螺层及壳口极大。野生皱纹盘鲍的壳有黑褐色、蓝绿色、暗红色等多种颜色，与其摄食的海藻有关；壳内面为银白色。

幼龄鲍多栖息于低潮线以下的浅水区，成鲍则多生活在深水处。与其他大多数贝类相似，皱纹盘鲍也习惯在夜间活动觅食，白天则潜伏于岩礁的缝隙处。它们的食性较杂，主要以褐藻类中的马尾藻、海带、裙带菜等为食，也摄食一些小型底栖动物（如水螅虫等）。

皱纹盘鲍素有“海洋软黄金”之称，位居海产八珍之首。皱纹盘鲍的肉质细嫩鲜美，营养价值非常高，含有丰富的不饱和脂肪酸、蛋白质以及钙、铁、镁、锌、锰等金属元素，深受人们喜爱。除了肉可食用，鲍鱼壳也被古人发掘利用，古人称之为石决明，认为其具有明目平肝等功效。利用现代技术从皱纹盘鲍中提取的多糖被认为对肿瘤具有一定的抑制作用和抗氧化作用，具有潜在的药物开发价值。

拉丁学名：*Haliotis discus* Reeve，1846。

英 文 名：Disk abalone。

俗　　名：石决明、九孔螺、海耳、盘鲍等。

分　　布：自然分布于日本海域，我国主要分布于渤海和黄海。

保护级别：无危（LC）。

『海中牛奶』长牡蛎

到过台湾的人在夜市中可能都看到过蚵仔面线和蚵仔煎的招牌，这两种美食都离不开海蛎子。事实上，在一锅煮开的水中加入姜丝和刚剥下来的海蛎子，稍滚一下即可起锅，获得一碗充满海洋味道的蚵仔汤！如果你并不急着一饱口福，则可以在汤上面洒少许葱花，让这碗海鲜汤看起来更加诱人。

海蛎子，学名为长牡蛎，隶属于软体动物门双壳纲珍珠贝目牡蛎科巨牡蛎属。它们的壳大而坚厚，呈长条形或长卵圆形，壳长约为高的 3 倍；右壳较平，环生的鳞片呈波纹状，排列稀疏，层次少，放射肋不明显；左壳深陷，鳞片粗大，壳顶固着面小；壳表面呈淡紫色、灰白色或黄褐色，壳内面为白色；闭壳肌很大，呈马蹄形。

长牡蛎主要栖息于海水和咸淡水交界处，也可见于潮间带及潮下带的岩礁海底，它们以左壳固定在水深不超过 40 米的浅海海底岩石或坚硬的表面上。不过，当栖息地的岩礁稀少时，它们也会出现在泥地及沙质地带。

长牡蛎在我国沿海均有分布，其中广东、福建较多，为南方沿海主要海水养殖品种之一。它们的肉味鲜美，营养价值高，含有丰富的蛋白质、维生素、微量元素锌、灰分和降低胆固醇的物质。除鲜食外，它们还可速冻、制作罐头、加工成蚝豉和蚝油。此外，长牡蛎的壳还可以作为中药材，具有平肝潜阳、固涩、软坚、制酸功能；也可以烧制成石灰。

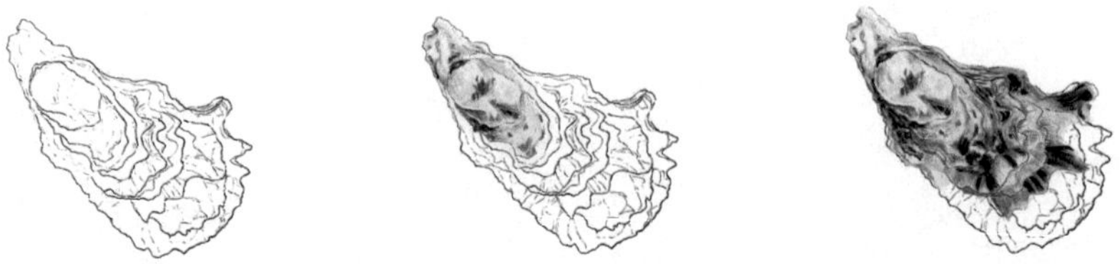

拉丁学名：*Crassostrea gigas*（Thunberg，1793）。

英 文 名：Pacific oyster。

俗　　名：生蚝、海蛎子、蛎黄、蚵等。

分　　布：我国沿海均有分布，其中广东、福建较多。

保护级别：无危（LC）。

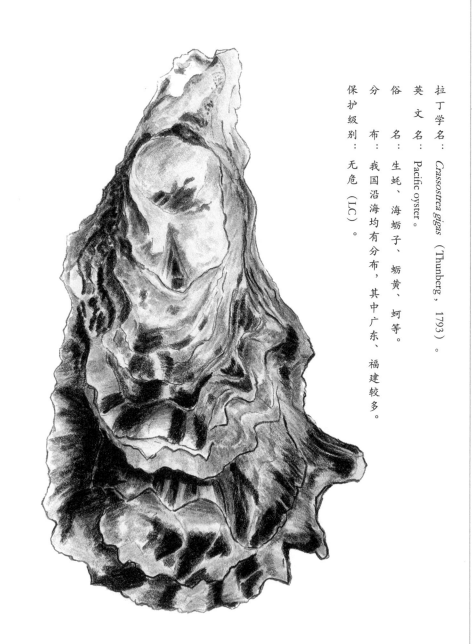

『美味扇子』栉孔扇贝

在带半边壳的海扇肉上加点粉丝，再放少许蒜末。如果你喜欢辣味，也可以再往上面放一两段红色的小米椒，然后将其放进蒸锅里。不一会儿就会得到一个个外形漂亮、内里多汁、肉质鲜美的粉丝扇贝，蘸点生抽可能会进一步提鲜！

栉孔扇贝，隶属于软体动物门双壳纲珍珠贝目扇贝科栉孔扇贝属。它们两侧的贝壳大小近似对称，呈圆扇形。一般来说，左壳平坦，右壳略鼓，上面有多条粗细不等的辐射状纹路。在海底栖息时，栉孔扇贝一般保持平坦的左壳在上。两片贝壳的铰链处前后各有大小不等的一个耳，前大后小。栉孔扇贝这个名字就源于右壳前耳长有细栉齿和足丝孔。

栉孔扇贝为暖温性种，多栖息在10~30米深的岩礁和有贝壳沙砾的硬质海底，以足丝附着在海底的礁石、石块及贝壳等物体上，以反作用力作短距离游动。若生活环境不适合，它们就可以自动切断足丝，急剧地伸缩闭壳肌，借助贝壳张闭排水的力量和海流的力量作短距离移动。正常生活时，它们通常张开两壳，以滤食海水中的单细胞藻类、有机碎屑以及其他微生物。

栉孔扇贝生长较快，肉味鲜美，营养丰富，经济价值很高。它们的贝壳美丽，可作为贝雕等工艺品的原料；肉质部可鲜食，闭壳肌大，可加工成干贝或冷冻品，畅销国内外。

拉丁学名：*Aznmapecten farreri*（Jones & Preston，1904）。

英 文 名：Farrer's scallop，Chinese scallop。

俗　　名：干贝蛤、海扇。

分　　布：原产于中国北部和朝鲜西部沿海，我国主要分布于山东和辽宁沿海。

保护级别：无危（LC）。

『海中孔雀』翡翠贻贝

过去，居住在南方沿海的老人都会定期煮一锅淡菜粥给小孩吃，让小孩的饮食营养更加均衡。在儿时的记忆里，淡菜粥除了有点咸咸的味道之外，就没有其他别的印象了。

淡菜，学名为翡翠贻贝，隶属于软体动物门双壳纲贻贝目贻贝科贻贝属。它们的壳质坚硬，但略脆，呈长卵形，前端尖细，后端宽圆；壳长约为壳高的2倍；壳面光滑，壳表通常为翠绿色或绿褐色，幼体色彩尤为鲜艳；壳内呈瓷白色，或带青蓝色，有珍珠光泽；周缘鲜绿，犹如孔雀的羽毛，故又名“孔雀蛤”；铰合齿左壳两个，右壳一个；足丝细软，呈淡黄色。

翡翠贻贝为滤食性贝类，主要以浮游生物和悬浮物为食。它们大多生活在潮间带至浅海底。在海边除了岩礁外，在浮木和船底等地方也可发现其踪迹。翡翠贻贝通常为雌雄异体、体外受精，一般在早春和晚秋之间产卵两次。然而，科学家们发现菲律宾和泰国的贻贝可以全年产卵。这是怎么回事呢？经研究发现，这是由于温度影响了翡翠贻贝染色体上的基因修饰，导致其性腺发育发生了改变，进而出现终年产卵的现象。

翡翠贻贝是一种重要的经济贝类，可以蒸、煮食用，也可剥壳后和其他青菜混炒，味均鲜美。同时，它们也可作为指示生物，如用于指示重金属、有机氯化物和石油产品造成的污染。贻贝生长迅速，大量贻贝固着在船体、排水口等位置时，人们需要耗费大量的资源来清除它们，因此，它们给人们的生产生活带来了不少麻烦。

拉丁学名：*Perna viridis*（Linnaeus，1758）。

英 文 名：Asian green mussel。

俗　　名：绿壳菜蛤、淡菜、青口、海红等。

分　　布：主要分布于西太平洋亚热带至热带海域，如新加坡、马来西亚、印度尼西亚等；我国主要分布于南海及台湾沿海。

保护级别：无危（LC）。

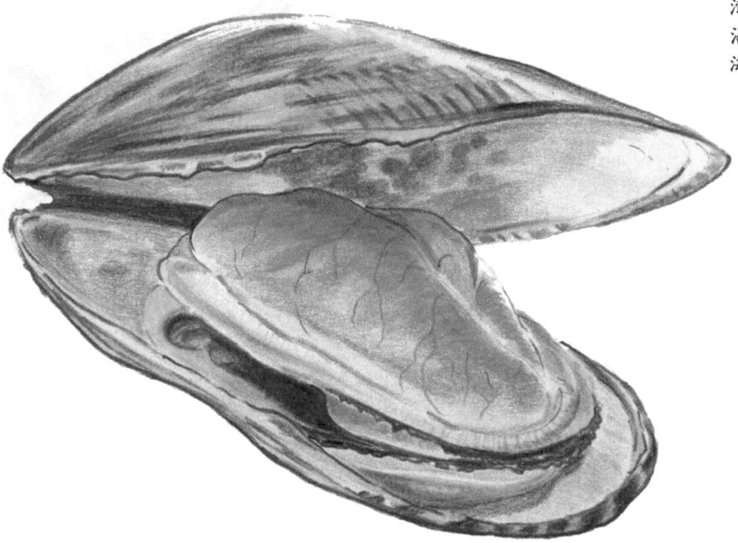

『百味之冠』菲律宾蛤仔

鲜香四溢的爆炒花蛤端上桌后，食客们的味蕾立刻躁动起来。香、辣、鲜齐全，一个接一个，吃货们的舌头根本停不下来。吃货们不用理会炒的到底是哪种花蛤，他们只管好吃不好吃。味蕾不会撒谎，桌子上堆积如山的花蛤壳告诉了你答案！

菲律宾蛤仔，隶属于软体动物门双壳纲帘形目帘蛤科蛤仔属，是一种小型海产双壳贝类，在我国南方俗称花蛤，北方通称蛤蜊。它们的壳质坚厚，内部膨胀，整体呈椭圆形；壳面颜色和花纹变化各异，与栖息地的底质有关，一般为深褐色或者灰黄色，其上杂有彩色斑纹。其实，菲律宾蛤仔与杂色蛤仔分属两个不同的种，但两者之间的形态实在难以辨别，导致两者长期被混淆。

菲律宾蛤仔大多栖息在风浪较小的内湾中有适量淡水注入的中、低潮区，但在盐度较高的沿海岛屿附近和数米深的潮下带也偶有发现。研究发现泥、沙、碎贝壳混杂的滩涂底质较适合蛤仔生存，尤其是沙和泥的比例中以沙多为宜。它们以发达的斧足挖掘沙泥营穴居生活。涨潮时，它们爬升至滩面，伸出水管进行呼吸、摄食和排泄等活动；退潮后或遇到外界刺激时，则紧闭双壳，或依靠斧足的伸缩活动，退回穴底，在滩面上留下两个靠得很近的由出、入水管形成的孔。

菲律宾蛤仔的个头虽小，但味道鲜美，营养丰富，有“百味之冠”和“天下第一鲜”的美誉。江苏民间还有“吃了蛤蜊肉，百味都失灵”的说法。菲律宾蛤仔本身极为鲜美，烹制时千万不要再加味精，也不宜多放盐，以免鲜味反失。它们的肉除鲜食外，还可加工成蛤干，是味美价廉的大众化食品。它们与缢蛏、牡蛎和泥蚶一起被称为中国传统的“四大养殖贝类”，深受消费者青睐。

拉丁学名：*Ruditapes philippinarum*（Adams & Reeve，1850）。

英 文 名：Short necked clam，Manila clam。

俗　　名：花蛤、砂蛤、蛤仔、蚬子、砂蚬等。

分　　布：广泛分布于中国、韩国和日本沿海滩涂。

保护级别：无危（LC）。

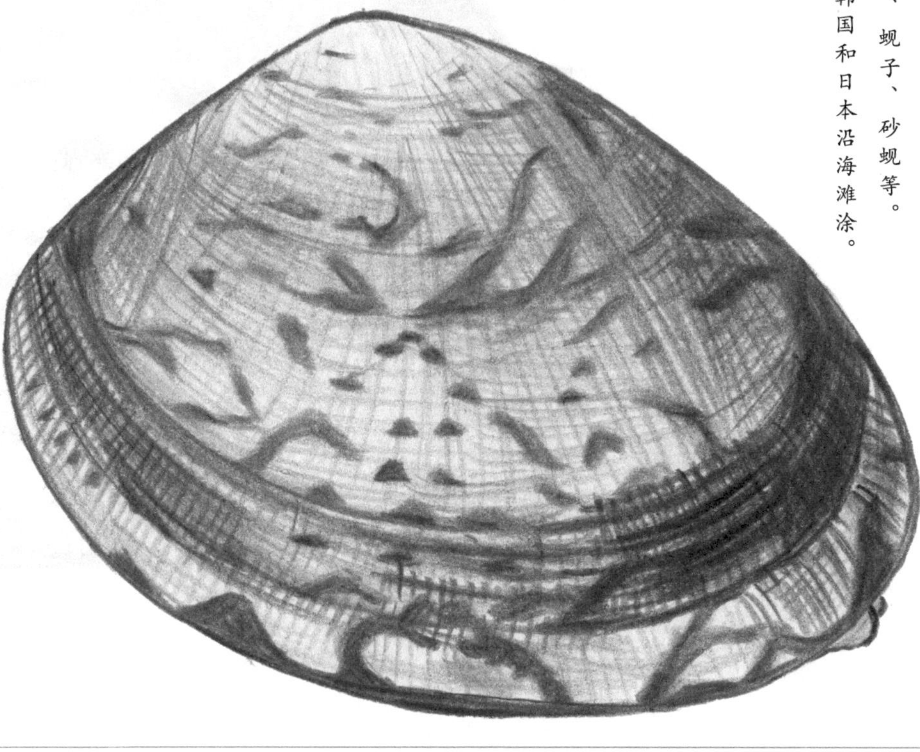

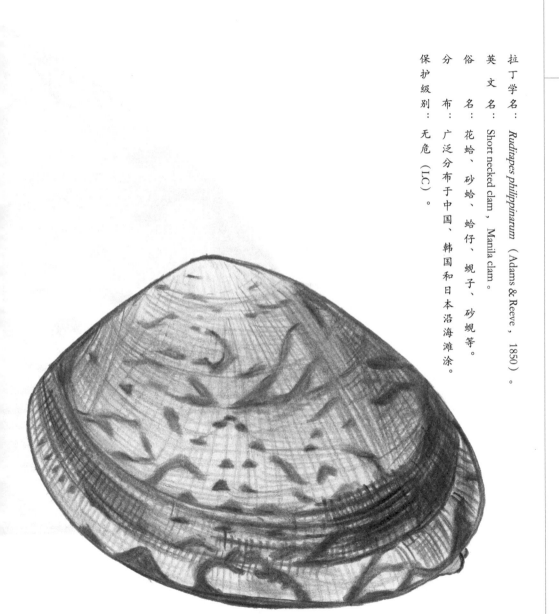

『自断求生』缢蛏

海洋馆引进新的燕魟、牛鼻魟和其他魟类后，在隔离期间常把从市场上买来的蛏子带壳投到水池里，吸引这些新引进的鱼儿开口吃食。蛏子，学名为缢蛏，隶属于软体动物门双壳纲帘蛤目竹蛏科缢蛏属。它们两壳合抱，呈竹筒状，前后两端开口，壳前缘呈截形，后端较圆；贝壳较长，壳长一般为壳高的 4 倍左右，成熟的蛏子可长达 14 厘米左右；壳质薄脆，壳表光滑，两壳等长，其上覆盖黄褐色壳皮，有时有淡红色彩带。有些蛏子的表皮上有大片白色，实际上是因黄绿色壳面磨损脱落而呈现出来的。

缢蛏栖息在潮间带至浅海沙泥底，以及盐分较低、水深为 20~50 厘米的海域中，以强有力的锚形斧足直立生活，将身体的大部分埋入沙泥中。遇到危险或环境不良时，它们会自行割断其出、入水管，迅速将身体全部埋入沙泥中。

蛏子的两个水管十分发达，完全靠这两个水管与滩面上的海水保持联系，从入水管吸进食物和新鲜海水，从排水管排出废物和污水。蛏子在软泥滩上挖穴生活，潜伏的深度随季节而不同：夏季温暖，它们潜伏得较浅；冬季寒冷，它们潜伏得较深。如果我们在海滩上看到相距不远的两个小孔，用长钩触动时它们能喷出少许海水，那么小孔下面就一定有蛏子。

蛏子的肉很好吃，而且也很便宜，所以是一种大众化的海产食品。在我国沿海，尤其是山东、浙江和福建等地，很多蛏子都是通过人工养殖的。其中温州苍南沿海的蛏子大小适中，无杂味，肉韧结实，味道极佳，不同于其他地方的蛏子，号称“海里的人参”。

拉丁学名：*Sinonovacula constricta*（Lamarck，1818）。

英 文 名：Razor clam。

俗　　名：青子、蛏子、毛蛏蛤、毛蛏、泥蛏。

分　　布：分布于日本以及我国辽宁、河北、山东、浙江、福建、广东等沿海地区。

保护级别：无危（LC）。

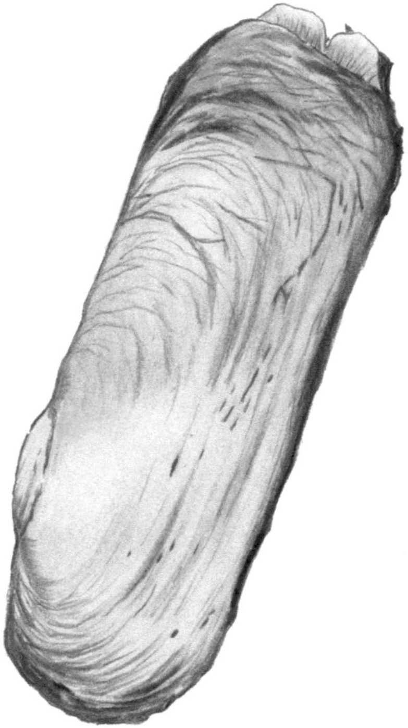

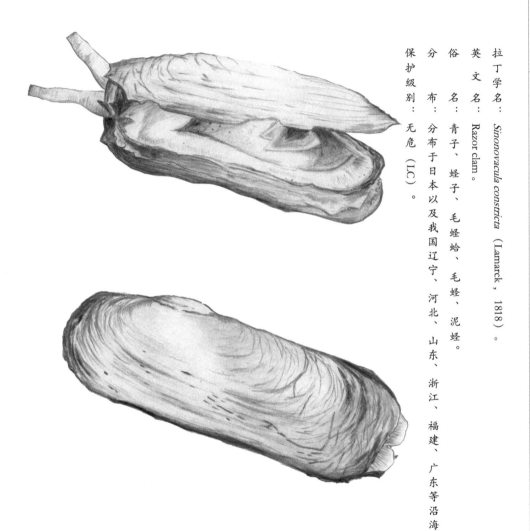

『长寿之王』象拔蚌

象拔蚌，隶属于软体动物门双壳纲海螂目缝栖蛤科海神蛤属，是已知最大的钻穴双壳类，壳长 20 厘米左右，体重连壳可达 3.6 千克，通常它们的两扇壳一样大，薄且脆，前端有锯齿、副壳和水管（也称为触须），水管可伸展到 1.3 米，不能缩入壳内。这个水管很像一根肥大粗壮的肉管子，当它们寻觅食物时便将其伸展出来，形状宛如象拔一般，故得“象拔蚌”之美名。

象拔蚌是埋栖型贝类，一般生活在水温为 3~23 摄氏度的海域，终生营穴居生活，不再移动。它们多以海水中的单细胞藻类为食，也可滤食沉积物和有机碎屑。幼年期的象拔蚌的主要敌害来自蟹、海星、蜗牛及鲽鱼等的捕食以及人类的滥捕；成年期后它们有较强的保护能力，天敌很少。象拔蚌前 4 年生长较快，而后随着年龄增长，贝壳生长渐变缓慢，但肉体仍能继续生长，寿命可达 100 多年。据报道，目前最长寿的象拔蚌可能超过了 160 岁，雌性象拔蚌在其百年寿命中可以产下约 50 亿枚卵。

象拔蚌的营养价值高，食疗效果好，是远东地区的人们崇尚食用的高级海鲜。但是由于象拔蚌生活于深海沙底，捕捉时人们常用压缩机将海底沙粒吹开，再派潜水员拾取，非常费时费力，因此野生象拔蚌非常昂贵。据称随着亚洲移民开始捕食原产地北美的象拔蚌，当地的象拔蚌变成了濒危物种，现在人们食用的象拔蚌大部分来自人工养殖。

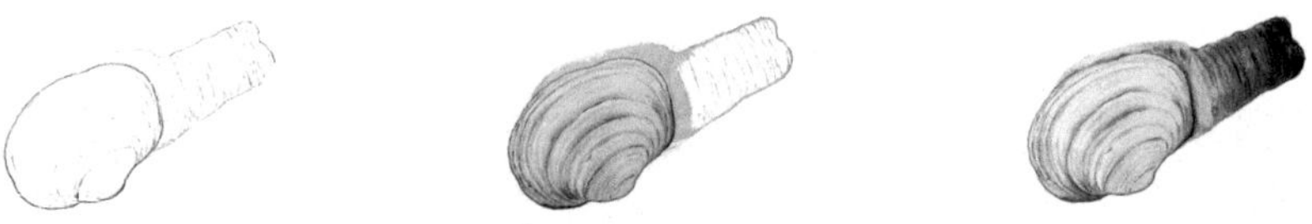

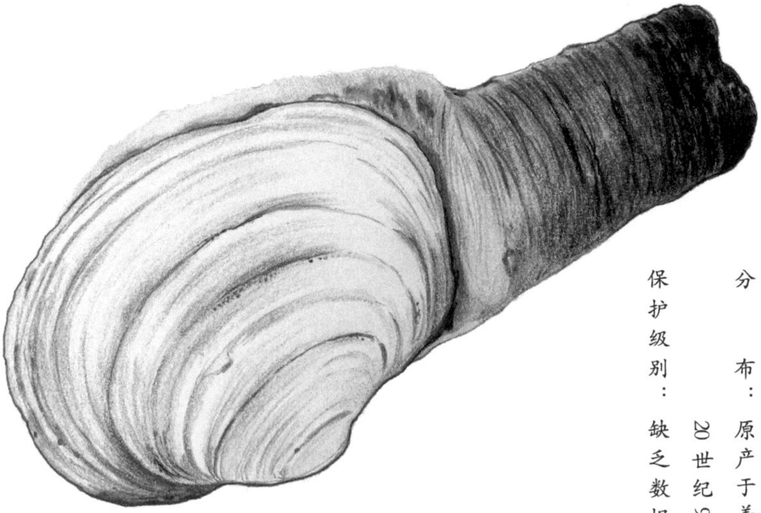

拉丁学名：*Panopea generosa* A. A. Gould，1850。

英 文 名：Pacific geoduck。

俗　　名：皇帝蚌、女神蛤。

分　　布：原产于美国和加拿大北太平洋沿海；20世纪90年代后期，中国东南沿海开始养殖。

保护级别：缺乏数据（DD）。

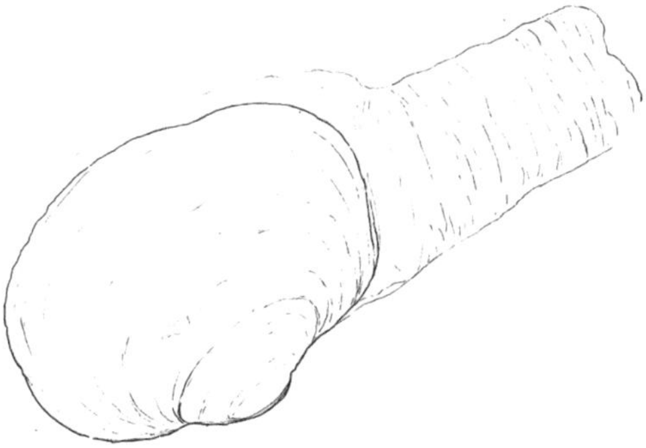

『带毛坚壳』毛蚶

毛蚶，隶属于软体动物门双壳纲列齿目蚶科毛蚶属。它们的成体壳长为 5 厘米左右，壳面膨胀，呈卵圆形；两壳不等，壳顶突出而内卷且偏于前方；壳面有 30~40 条放射肋，肋上有方形小结；离壳口较近的部分壳面上覆盖有褐色绒毛状表皮。

毛蚶是广温广盐性种类，栖息水域以有适量淡水流入的内湾为宜，多生活于浅海水深 20 米以内的泥沙底质中，以水深 2~10 米处居多；也常分布于潮间带下区，主要食物为硅藻和有机碎屑。它们的埋居深度较小，一般随个体增长而加深，深度一般为 3~10 厘米。

毛蚶为雌雄异体，雌性的生殖腺呈橘红色，雄性为乳白色，在成熟期更为明显。繁殖期间，精子、卵子同时排放，在水中受精发育。两天内，贝壳便可形成；经十余天，壳长到 300 微米左右，从浮游生活开始进入附着生活，能够分泌足丝附着于水底沙砾、贝壳、大型藻体上，并可自行切断足丝匍匐活动，然后分泌足丝另行附着。

毛蚶是一种海产经济贝类，肉质肥美，除蒸煮后鲜食外还可晒制成干。贝壳可作电石、水泥的原料，也可粉碎后作为家禽、家畜的饲料。除冰冻和酷暑季节外，几乎长年可以进行采捕，但如果长期不断地往返拖网捕捞，就会对毛蚶栖息地的环境造成严重的破坏，影响毛蚶的附着和生活。因此，为了减少这种情况的发生，科学家们已经开始研究毛蚶的人工养殖技术了。

拉丁学名：*Anadara kagoshimensis*（Tokunaga，1906）。

俗　　名：毛蛤、麻蛤。

分　　布：分布于太平洋西部日本、朝鲜、中国沿岸；在我国，北起鸭绿江，南至广西都有分布，其中莱州湾、渤海湾、辽东湾、海州湾等浅水区的资源尤为丰富。

保护级别：无危（LC）。

『身负骂名』金乌贼

有一个古老的故事讲的是有一个狡猾的人去借钱，用乌贼体内的墨汁写下借据，然后故意一直拖欠不还。这种墨初时很新鲜，半年后就消失无痕了。当债主半年后开始催还债款时，借债人便借机索要借据。这时，债主才发现借据已经变为一张白纸。无以为凭，于是借债人顺势赖账不还了。人们把乌贼体内的墨汁看作帮坏人行骗的工具，于是骂之为“乌贼”。乌贼之名是否真的由此而来，有待考证。这里要说的是乌贼背着骂名实际上有点冤枉，因为乌贼体内的墨汁是吲哚醌和蛋白的结合物，时间长了会被氧化，所以用它写的字自然会消失。

金乌贼，隶属于软体动物门头足纲乌贼目乌贼科乌贼属。它们的体形属于中等，胴部呈卵圆形，背腹略扁平，侧缘有一圈狭鳍；身体呈黄褐色，胴体上有棕紫色与白色细斑相间；雄性的阴背部有波状条纹，在阳光下有金黄色光泽；头部前端有5对腕，其中包括4对短腕和一对长腕；触腕前端有吸盘，吸盘内有角质齿环，捕食时用触腕缠住食物将其吞食；体内有墨囊，内储黑色液体；体内有一副长椭圆形的石灰质内骨胳，长度约为宽度的两倍。金乌贼成体的体长最大可达18厘米。

金乌贼体内的墨汁是用来保护自己的武器。当遇到危险时，金乌贼会立即从墨囊里喷出一股墨汁，把周围的海水染成烟雾状的黑色，以此迷惑和麻痹敌害，趁机逃之夭夭。由于金乌贼蓄积墨汁需要很长时间，因此不到万不得已之时，它们是不会轻易喷射墨汁的。

金乌贼的墨囊是一种贵重药材，墨汁经加工后不仅可制成供印刷用的油墨，还可制成止血药，可治功能性出血。此外，有研究表明金乌贼的墨汁中含有抗癌成分，纯化后可使60%的患癌小鼠恢复健康，原因是金乌贼的墨汁激活了肿瘤附近的巨噬细胞。不仅如此，以金乌贼的墨汁制成的面包、面条和米饭等也颇受消费者青睐。

拉丁学名：*Sepia esculenta* Hoyle，1885。

英 文 名：Golden cuttlefish。

俗　　名：乌鱼、墨鱼、乌子、针墨鱼。

分　　布：分布于中国的渤海、黄海、东海、南海，日本列岛以及菲律宾群岛海域。

保护级别：由于过度捕捞和海洋环境遭到破坏等多种原因，金乌贼野生资源量明显减少，目前在许多海域已经绝迹，成为国家重点保护对象。

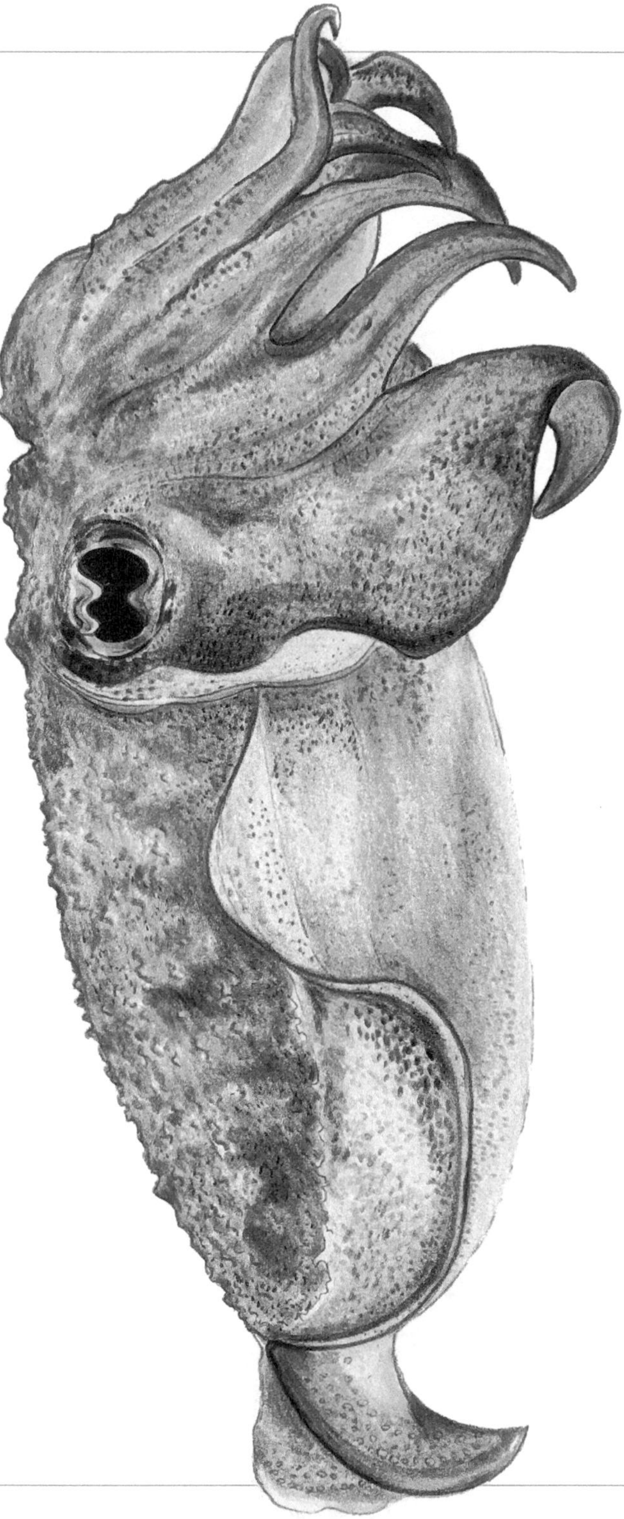

金乌贼浑身是宝。除墨汁具有重要功能外，它们的肉厚，味道鲜美，可鲜食，亦可加工成墨鱼干。雄性的生殖腺和雌性的产卵腺可以分别加工成乌鱼穗和乌鱼蛋，均为海味佳品。此外，金乌贼的内壳（海螵蛸）是重要的中药材，有止血、制酸止痛、治疗湿疹等功效。

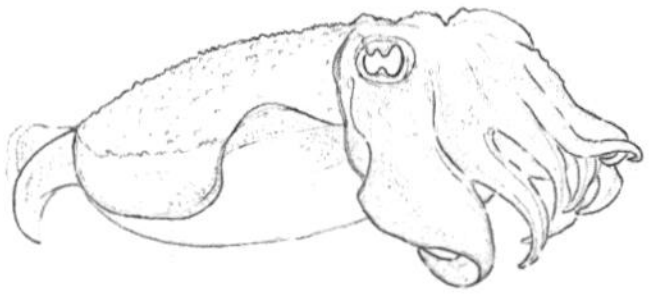

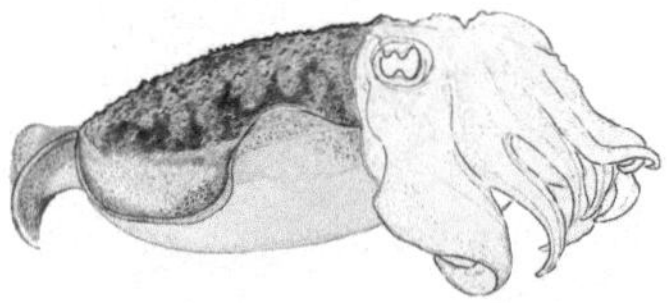

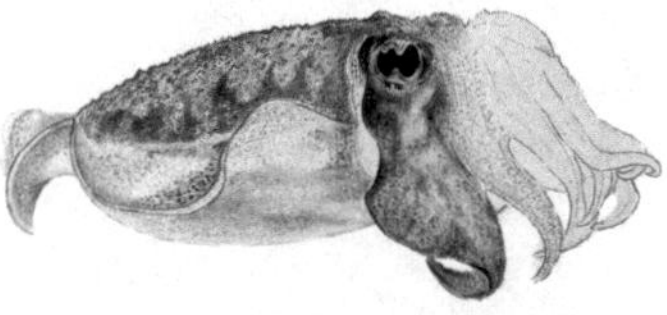

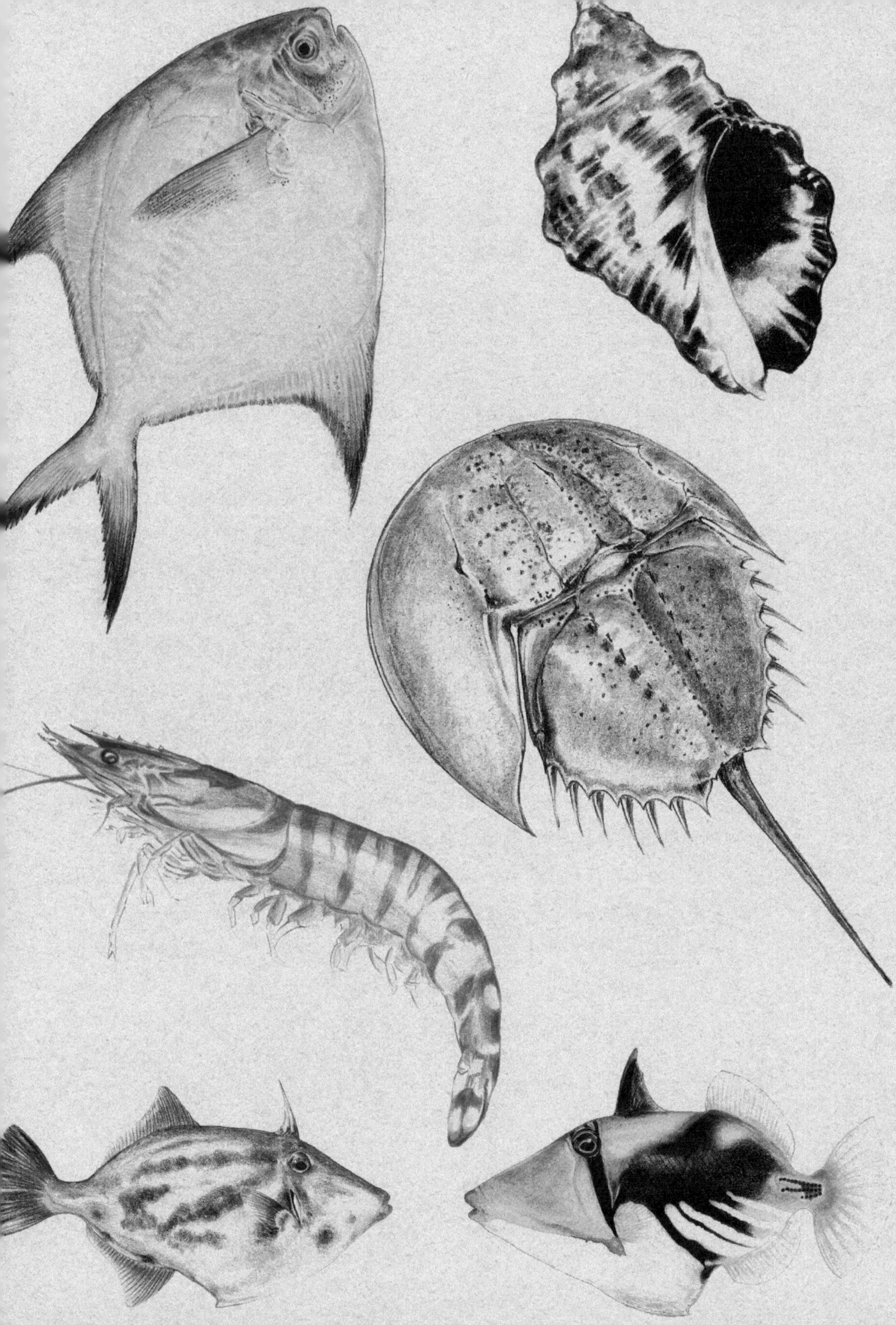

『柔术大师』真蛸

章鱼是海洋馆最喜欢的饲养对象之一，主要是因为它们比较友善，而且寿命可达 1.5~2 年。但是，章鱼很喜欢逃跑，一不留神就会从水族缸中溜走，就算一个极小的细缝都可能让它们逃出水族缸！

章鱼，学名为真蛸，隶属于软体动物门头足纲八腕目章鱼科章鱼属。它们的身体呈卵圆形，头圆眼大，长有 8 只标志性的触手；外套膜表面布满长形的似网状的突起；各腕长度近似相等，都长有双行吸盘，各腕之间由浅膜连接。章鱼是大型头足类动物，外套膜可长达 18 厘米，体重可达 2.5 千克以上。

章鱼是一种非常有趣的海洋生物，被誉为“艺术大师”“柔术大师”和“伪装大师”等。国内外学者通过研究章鱼吸盘的形态结构、生物学组织和吸附特点，根据仿生学原理，研制出大量的新型吸盘，给工业生产和日常生活都带来了极大的便利。章鱼号称“柔术大师”是因为它们会搜集甲壳类的壳以及其他带孔的物体（如瓶子、罐子等），然后将自己硕大的身躯埋伏于其中。真难以想象它们是如何把自己塞进去的！最神奇的地方当属章鱼躲避或吓退攻击者的方法——隐身术。章鱼皮肤上的色素细胞网和特殊的肌肉几乎能使它们的颜色和图案迅速与周围环境融为一体，让捕食者从它们周围游过时难以察觉。如果被发现，章鱼便释放黑色墨汁遮蔽捕食者的视线。这种墨汁能使捕食者的嗅觉变得迟钝，让它们难以追踪章鱼的踪迹。当以上方法都不奏效时，章鱼还可以断臂求生，为逃离捕食者而失去的触手不久就会重新长出来，并不会造成永久性伤害。

拉丁学名：*Octopus vulgaris* Cuvier，1797。

英 文 名：Common octopus。

俗　　名：普通八爪鱼、母猪章、章鱼。

分　　布：除两极外，世界各大海域几乎均有分布；我国主要分布在舟山群岛以南海域。

保护级别：无危（LC）。

『金色花纹』短蛸

把短腿蛸洗净后切成薄片，配上芥末和生抽，放入嘴里嚼起来时感胶质黏乎，给人一种充实感。短腿蛸，学名为短蛸，隶属于软体动物门头足纲八腕目蛸科蛸属，是一种小型章鱼，体长一般为15~27厘米。它们的身体呈黄褐色，背部颜色较深，腹部较浅，身体表面有很多突起的疣；胴部呈卵圆形或球形，肉鳍退化；头部前端长有8条短腕，长度大体相等，腕长约为脑部的2倍；它们最显著的特征是触手之间有两条金色的环形花纹。

短腿蛸具有较明显的生殖洄游和越冬洄游习性，但移动范围都较小。每年早春，在沿岸或内湾较深处越冬的个体集群游至浅水处交配，交配后不久就产卵，产卵行为比乌贼简单，没有扎卵结卵过程。卵分批成熟，分批从漏斗中产出，卵由细长的卵柄互相缠绕在一起，形成一穗一穗的形状。卵多产于空贝壳、石缝或海底凹陷等较阴暗处。雌性有明显的护卵习性，常以腕部轻轻抚卵，并以漏斗喷水，清除卵膜上的附着物。它们在护卵过程中不摄食。

短腿蛸的味道鲜美，可鲜食，也可晒成章鱼干，在广东、广西等地被列为海味佳品。除此以外，短腿蛸还可以入药，具有补气养血、收敛生肌的作用，是妇女产后补虚、生乳、催乳的滋补品。

拉丁学名：*Amphioctopus fangsiao*（d'Orbigny [in Férussac & d'Orbigny]，1839—1841）。

英 文 名：Shortarm octopus，Webfoot octopus。

俗　　名：饭蛸、坐蛸、短腿蛸、小蛸、短爪章等。

分　　布：广泛分布于我国渤海、黄海、东海和南海，日本群岛海域也有分布。

保护级别：无危（LC）。

『妖艳杀手』蓝环章鱼

蓝环章鱼，隶属于软体动物门头足纲八腕目章鱼科蓝环章鱼属。它们的体形小巧，看起来跟高尔夫球一样大小，不超过 10 厘米。就算 8 条腕足完全张开，它们也没有成年人的一个手掌大。它们的名字源于其身体上鲜艳的蓝色光环。虽然如此，但一般水族爱好者不会饲养这种看去小巧可爱而实则会让人致命的章鱼。

蓝环章鱼虽然看起来温顺可爱，却是自然界中毒性最强的动物之一。它们的体内能够分泌一种叫作“河豚毒素”的神经毒素，对天敌甚至人类都是致命的。研究报道，只要 0.5 毫克便可使人中毒身亡。照此计算，一只蓝环章鱼的毒液足以使 10 个成年人丧生。令人遗憾的是，目前还没有有效的抗毒血清，唯一的办法就是在出现明显的低血压和发绀之前不停地对伤者进行不间断的人工呼吸。待毒素排出体外后，麻痹会慢慢消退，患者逐渐恢复自主呼吸能力。因此，在遇见蓝环章鱼属的物种时，不要因为其美丽的外表就上手去摸或者抓取，一定要小心防止被它们咬伤而出现生命危险！

蓝环章鱼的色彩鲜艳，身上具有 50~60 个大大小小的蓝色圆环，体色会随着环境的变化而发生改变，由黄色到浅棕色、白色不等。如此“任性”地改变自己的肤色，它们是怎么做到的呢？科学家们发现，原来章鱼科的“皮肤”由颜色各异的色素细胞组成，神经系统会根据周围环境的变化控制色素细胞的扩张和收缩，进而改变章鱼的体色。比如，当蓝环章鱼遇到敌害时，蓝色圆环明暗闪烁、粗细交替、颜色各异，其目的是警告捕食者停止攻击，否则就要“放毒”了！所以，用“喜怒形于色”来形容这种章鱼最恰当不过了。

拉丁学名：*Hapalochlaena lunulata*（Quoy & Gaimard，1832）。

英 文 名：Greater blue-ringed octopus。

俗　　名：豹纹章鱼、蓝圈章鱼。

分　　布：分布于印度洋和西太平洋的热带和亚热带水域，从斯里兰卡到菲律宾，从澳大利亚到日本南部均有分布；我国主要分布于台湾沿海。

保护级别：无危（LC）。

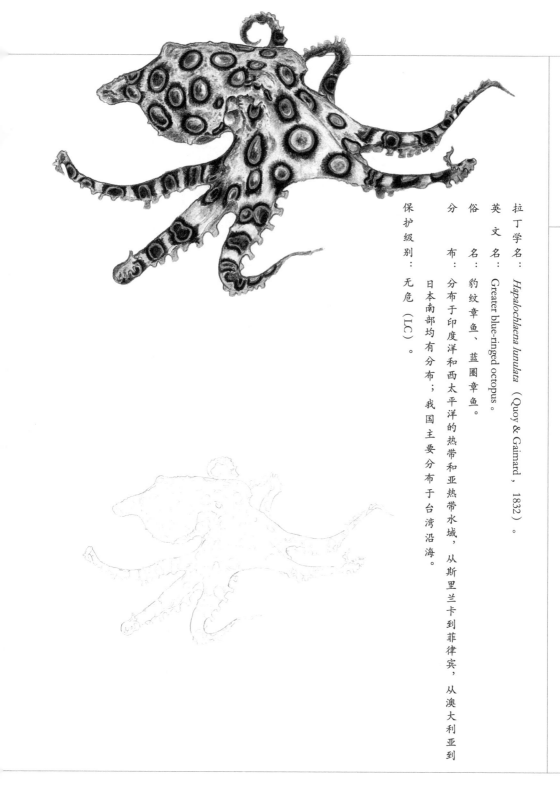

『海洋化石』鹦鹉螺

你也许曾经看到或听到过这样的场景：在暴风雨过后的夜晚，海上风平浪静，有一群生物惬意地浮游在海面上，它们的贝壳向上，壳口向下，头及腕完全舒展开。它们靠充气的壳室在水中游动，或以漏斗喷水的方式“急流勇退”。这里所描述的对象便是鹦鹉螺。

鹦鹉螺，隶属于软体动物门头足纲鹦鹉螺目鹦鹉螺科鹦鹉螺属，是乌贼、章鱼等头足类的“亲戚”。它们的头部构造与乌贼十分相似，口的周围和头的前缘两侧生有约 90 根黏乎乎的触手，但上面没有像乌贼和章鱼那样的吸盘。鹦鹉螺的触手各司其职，有的用于摄食，有的用于警戒，还有的用于游动。在摄食的时候，多数触手向四周展开，将猎物包裹起来，然后吞食。在游动或休息时，大部分触手都缩进壳里，只留 1~2 个触手在外面，进行警戒或行动。此外，它们的触手还可以抵贴岩石，固定身体的位置。此外，鹦鹉螺具有卷曲的珍珠状外壳，这跟其他头足类的差别很大。鹦鹉螺个体居住在靠近口部的第一个空格内，并且会给其他空格填充空气或海水，以此调节浮力。一般成年个体的大小为 15~18 厘米。

鹦鹉螺早在距今 5 亿多年前的奥陶纪就出现了，是现存软体动物中最古老、最低等的种类。在漫长的演化过程中，它们的模样基本上没有发生变化，而它们的近亲章鱼、乌贼等的身体则发生了很大的变化。比如，乌贼的外壳转入身体里面，章鱼的外壳则已经消失，唯独鹦鹉螺基本上保持原状，所以它们被称为海洋“活化石”，是研究生物演化、古生物与古气候的极其珍贵的资料。

拉丁学名：*Nautilus pompilius* Linnaeus， 1758。

英 文 名：Chambered nautilus， Pearly nautilus。

分　　布：主要分布于太平洋西南部热带海域，是印度洋和太平洋特有的种类，在我国台湾、海南岛和南海诸岛均有发现。

保护级别：《华盛顿公约》一级保护动物，《国家重点保护野生动物名录》一级保护动物。

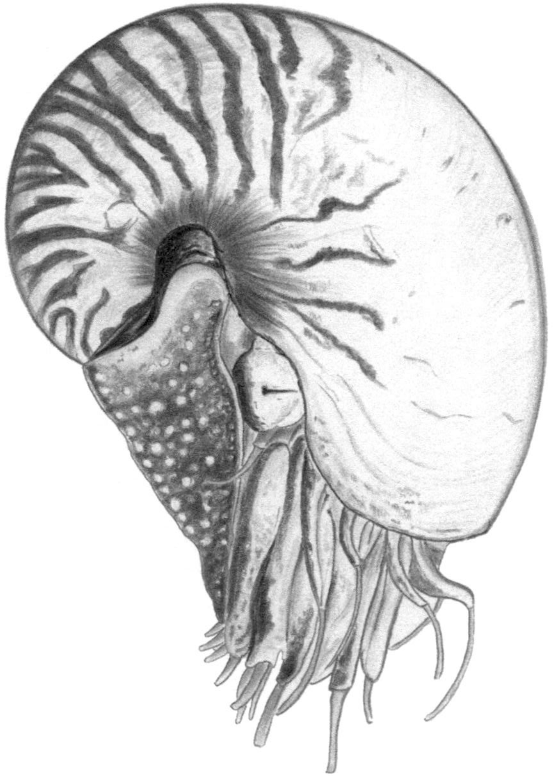

致谢

《大海的礼物》一书终告一段落。饮水思源，在此对参与本书策划、编写、绘图、审稿和排版等工作的师长和朋友们表达最真挚的谢意。

《大海的礼物》能成书，张志钢先生功不可没。可以说，没有他就不会有这本书。张志钢先生感人的工作激情、丰富的策划经验以及广博的人脉关系为本书的顺利出版创造了十分有利的条件。杲飞先生是一位极具天赋的科普画家，仅用简简单单的几支画笔就能将多姿多彩的海洋生物描绘得惟妙惟肖。杲飞先生展现了对海洋生物资源的真挚情感和精益求精的工匠精神，他将科学与艺术完美地融为一体，他的唯一目的就是要将最真实的美感呈现给读者。杨敏博士扎实的专业基础和渊博的科学知识为本书增添了许多有趣的素材。罗锦华博士在水族行业30余年的丰富经验以及完整的知识结构体系为本书物种描述的准确度和趣味性保驾护航。

在本书编写过程中，我得到了很多师长和好友的鼓励和支持。特别感谢我的导师孔晓瑜研究员，您严谨谦逊的治学态度和一丝不苟的科研精神是我一生都值得学习的榜样。感谢浙江海洋大学赵盛龙教授在本书编写过程中为我耐心细致地解惑，您的殷殷嘱托和谆谆教诲使我行走的每一步都充满自信。感谢农业农村部渔业渔政管理局原局长、中国渔业协会会长赵兴武先生为本书提供的无私帮助，您对绿水青山的殷切期望也是我辈的奋斗目标。六位来自全国有关科研院所的海洋生物工作者都是我多年的好友，你们关于我国海洋生态持续发展的美好愿景将成为我们共同努力的方向。浙江海洋大学陈健和叶莹莹博士对本书进行了审读并提出了宝贵意见，在此对两位同人的指导表示感谢。

感谢我的家人，你们一直以来对我默默的关怀和无私的付出是我完成本书的最大的动力。感谢其他关心和帮助过我的人士，恕不能一一提名，在此一并致谢。

最后，要感谢人民邮电出版社刘朋编辑及相关工作人员。你们是本书得以付梓的幕后英雄，你们在文字润色、排版设计、校对等方面丰富的经验和出色的工作给作者和读者提供了很大的帮助，在此深表谢意。

由于编者水平有限，书中疏漏及不妥之处在所难免，希望读者给予指正。

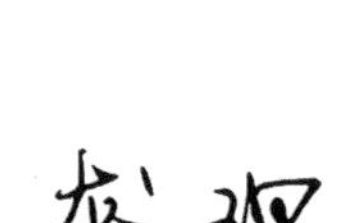

2021年3月3日